InDesign CC 版式设计与案例制作实训教程

主　编　贾彦金

副主编　董　栋

主　审　许晓婷

西安电子科技大学出版社

内 容 简 介

本书主要通过对商业案例的介绍来引导读者学习 Adobe InDesign CC 软件的操作及版式设计原则，让读者了解客户的真实需求与设计方法。书中还对案例中涉及的重要知识进行了详细讲解。本书简单实用，通俗易懂，能真正达到提升读者版式设计基础与应用能力的目的。

全书共 10 章。第 1 章主要讲解排版基础及 Adobe InDesign CC 工作界面；第 2 章和第 3 章主要讲解文本的编辑与排版；第 4 章主要讲解设置和使用颜色的方法；第 5 章主要讲解路径和图形的绘制；第 6 章主要讲解表格的制作、表格属性的设置；第 7 章主要讲解图片的置入、管理及编辑方法；第 8 章主要讲解页面、跨页和应用主页；第 9 章主要讲解长文档的制作及目录生成方法；第 10 章主要讲解 Adobe InDesign CC 文件输出及打包的方法。

本书可作为 Adobe InDesign CC 初、中级学习者以及从事版式设计相关工作设计师的参考用书，也可作为社会培训学校、大中专院校相关专业的教学用书或上机实践指导用书。

图书在版编目(CIP)数据

InDesign CC 版式设计与案例制作实训教程 / 贾彦金主编. —西安：西安电子科技大学出版社，2018.1(2023.9 重印)
ISBN 978-7-5606-4772-2

Ⅰ. ① I… Ⅱ. ① 贾… Ⅲ. ① 电子排版—应用软件—教材 Ⅳ. ① TS803.23

中国版本图书馆 CIP 数据核字(2017)第 300808 号

责任编辑 马 琼 张紫薇
出版发行 西安电子科技大学出版社(西安市太白南路 2 号)
电 话 (029)88202421 88201467 邮 编 710071
网 址 www.xduph.com 电子邮箱 xdupfxb001@163.com
经 销 新华书店
印刷单位 广东虎彩云印刷有限公司
版 次 2018 年 1 月第 1 版 2023 年 9 月第 2 次印刷
开 本 787 毫米×960 毫米 1/16 印 张 12.5
字 数 227 千字
定 价 20.00 元
ISBN 978-7-5606-4772-2 / TS
XDUP 5074001-2

前　言

InDesign 是 Adobe 公司开发的定位于专业排版领域的设计软件，是图像设计师、平面设计师、编辑和排版人员等使用的桌面排版软件，适用于编辑各种出版物，包括传单、广告、包装、书籍等，可对设计和印刷样式进行像素级的精确控制。利用 Adobe InDesign 软件可以灵活高效地建立精美页面，并进行印刷输出。InDesign CC 为 Adobe InDesign 软件的最新版本，继续树立纸张印刷与数字出版的新标准，它是专业版式设计人员、印前和印刷生产专业人员以及印刷服务供应商的得力助手。

InDesign CC 可以将文档直接导出为 Adobe 的 PDF 格式，而且支持多种语言环境。它也是第一个支持 Unicode 文本处理的主流 DTP 应用程序，率先使用新型 OpenType 字体、高级透明性能、图层样式、自定义裁切等功能。它基于 JavaScript 特性，能与兄弟软件 Illustrator、Photoshop 等完美结合，并且拥有一致的界面，因此受到了用户的青睐。

本着教、学、做一体的理念，我们编写了本书。本书系统介绍了 InDesign CC 的基本操作方法和版式设计技巧，结合企业生产实践，以典型案例及详细步骤介绍软件的操作与应用。全书内容丰富，结构清晰，将版式设计、制作、印刷有机结合，让读者能够快速掌握该软件的使用并加深对设计语言的领悟。

全书共 10 章。第 1 章是 InDesign CC 版式设计基础；第 2 章是文字的基本操作；第 3 章是编辑文本与应用样式；第 4 章是颜色的设置与应用；第 5 章是绘制与编辑图形；第 6 章是商业表格制作；第 7 章是图片的管理与编辑；第 8 章是页面编排；第 9 章是书籍与目录；第 10 章是印前设置与文件输出。

本书配套提供书中所有案例的素材及效果文件(可登录出版社网站，免费获取)。案例中所涉及的文字及图片仅为示意(以方便读者进行练习)，无任何具体意义，特此声明。

由于时间仓促以及作者水平有限，书中难免有不足之处，敬请广大读者批评指正。

编　者

2017 年 9 月

目　录

第1章　InDesign CC 版式设计基础

InDesign CC 是定位于专业排版领域的设计软件，该软件从多种桌面排版技术中汲取精华，集合了所有 Adobe 专业软件拥有的图像、字型、印刷、色彩管理技术，为杂志、书籍、广告等灵活多变、复杂的版式设计工作提供了一系列更完善的排版功能。

1.1　软件基础知识

如图 1-1 所示，InDesign CC 的操作界面非常友好，与 Adobe 的其他应用程序(如 Photoshop、Illustrator 等)有相似的外观。本节主要介绍 InDesign CC 的工作环境，即对菜单栏、工具箱、图标面板进行介绍。

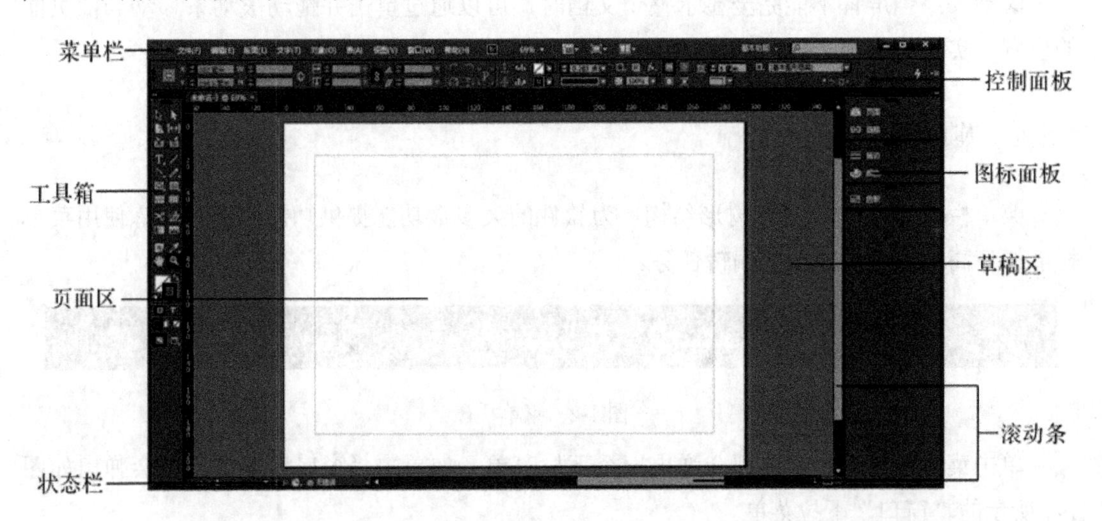

图 1-1　InDesign CC 软件界面

菜单栏：InDesign CC 所有操作命令的集合，包括“文件”、“编辑”、“版面”、“文字”、“对象”、“表”、“视图”、“窗口”、“帮助”9 个主菜单，每一个菜单又包括若干个子菜单，选择任意一个子菜单即可执行相应操作。图标面板及工具箱中各选项都能在菜单栏中找到。

控制面板：根据选择的对象不同，控制面板中的选项会发生变化，用户可以快速选取或调用与当前页面所选对象相关的选项和命令。控制面板默认停放在页面区顶部，也可以将其停放在页面区底部或转换为浮动面板，甚至将其完全隐藏。

工具箱：工具箱位置默认在页面区左侧，根据需要也可以将其停放在页面区右侧或转换为浮动状态，甚至将其完全隐藏。工具箱集中了 InDesign CC 的常用工具，用于图形绘制、文字排版、编辑页面等。

图标面板：图标面板位于页面区右侧，通过图标面板可以快速调出有关对象的常用命令及设置，可以通过“窗口”菜单下拉选项打开或关闭不同的图标面板。

页面区：指图 1-1 中部黑线框内的矩形区域，用于设计、排版当前页面的内容，只有该区域的内容才会被打印出来。

草稿区：用于在不同文档之间交换文字、图形及图像等，该范围内的内容不会被打印出来。

状态栏：显示当前文档所属页面、印前检查等信息。

滚动条：当屏幕不能完全显示整个文档时，可以通过单击并拖动滚动条移动当前页面的位置，实现对整个文档的浏览。

1.1.1 菜单栏

菜单栏(见图 1-2)是一种树形结构，为软件的大多数功能提供功能入口。熟练使用菜单栏能快速高效地完成绘制和编辑任务。

Id 文件(F) 编辑(E) 版面(L) 文字(T) 对象(O) 表(A) 视图(V) 窗口(W) 帮助(H)

图 1-2 菜单栏

单击菜单栏中每个菜单都会弹出一个下拉菜单，如单击“窗口”菜单，则会弹出如图 1-3 所示的“窗口”下拉菜单。

“文件”菜单：主要功能为新建、打开、置入、存储、关闭、导出、打印文件等。

“编辑”菜单：主要功能为复制、粘贴、查找、替换、键盘快捷键和首选项等。

“版面”菜单：页面编辑、页码设置等可通过该菜单操作。

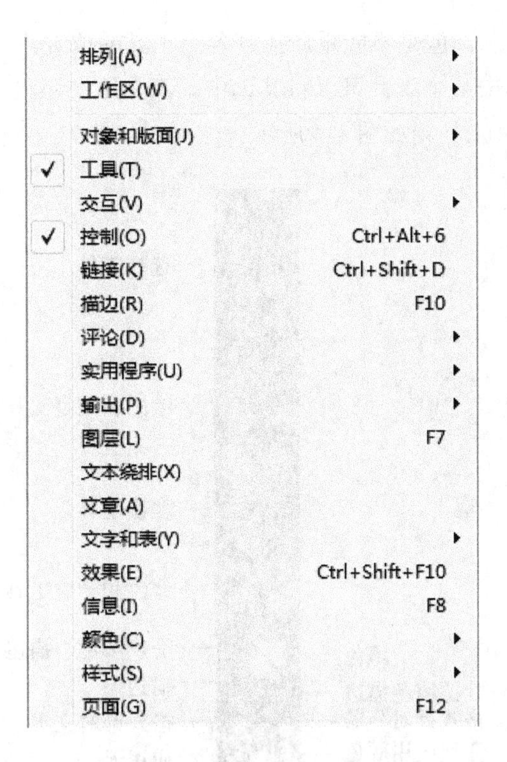

图 1-3 “窗口”下拉菜单

“文字”菜单：有关文字、段落及其属性、字符等的操作需使用此菜单。

“对象”菜单：为图形、图像添加效果，调整对象排列顺序，变换对象等可通过此菜单操作。

“表”菜单：主要功能为插入并编辑表格。

“视图”菜单：网格和参考线的显示与隐藏、显示性能与屏幕模式的设置在此菜单中操作。

“窗口”菜单：主要用于打开工具箱和各种图标面板。在界面找不到的图标面板，都可以在“窗口”菜单中找到。

“帮助”菜单：用于学习使用命令或选项。

1.1.2 工具箱

工具箱是 InDesign CC 中非常重要的组件，默认显示方式为垂直单列，也可以将其设置为垂直两列或单行显示，但是不能重新排列各个工具的位置。

在默认工具箱中单击某个工具可以将其选中。工具箱中还包含几个与可见工具相关的隐藏工具。InDesign CC 工具箱如图 1-4 所示。

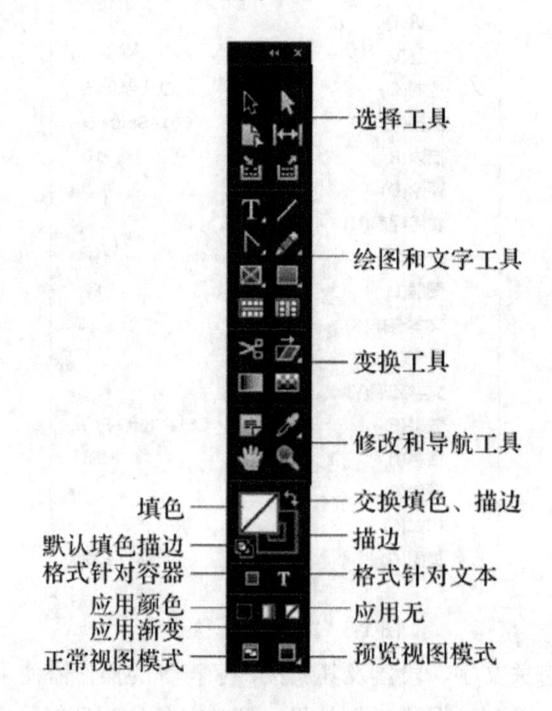

图 1-4　工具箱

工具图标右下角箭头表明此工具下有隐藏工具，单击并按住工具箱内的当前工具，然后选择需要的工具，即可选定隐藏工具，如图 1-5 所示。各工具的名称及其快捷键如表 1-1 所示。

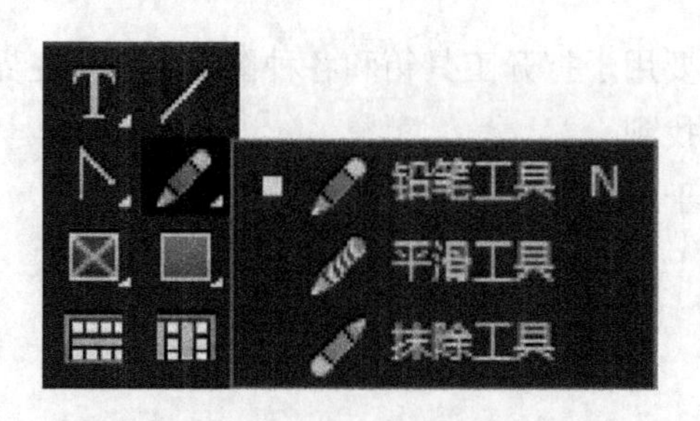

图 1-5　显示隐藏工具

表 1-1　InDesign CC 工具及其快捷键

工具名称	快捷键	工具名称	快捷键
选择工具	V	多边形框架工具	
直接选择工具	A	矩形工具	M
页面工具	Shift + P	椭圆形工具	L
间隙工具	U	多边形工具	
文字工具	T	水平网格工具	Y
直排文字工具		垂直网格工具	Q
路径文字工具	Shift + T	剪刀工具	C
垂直路径文字工具		旋转工具	R
钢笔工具	P	缩放工具	S
添加锚点工具	=	切变工具	O
删除锚点工具	-	自由变换工具	E
转换方向点工具	Shift + C	渐变色板工具	G
铅笔工具	N	渐变羽化工具	Shift + G
平滑工具		附注工具	
抹除工具		吸管工具	I
直线工具	\	度量工具	K
矩形框架工具	F	抓手工具	H
椭圆形框架工具		缩放显示工具	Z

InDesign 有四种视图模式，具体介绍如下。

正常视图模式：在标准窗口中显示版面所有可见网格、参考线、非打印对象、空白粘贴板等。

预览视图模式：完全按照最终输出结果显示图片，所有非打印元素(网格、参考线、非打印对象等)都被禁止显示。

出血视图模式：完全按照最终输出结果显示图片，所有非打印元素(网格、参考线、非打印对象等)都被禁止显示，而文档出血区内所有可打印元素都会显示出来。

辅助信息区视图模式：完全按照最终输出结果显示图片，所有非打印元素(网格、参考线、非打印对象等)都被禁止显示，而文档辅助信息区内所有可打印元素都会显示出来。

★ 扩展阅读

出血设置

出血是指印刷品为保留画面有效内容预留出的方便裁切的部分。若印刷品边缘全白色无图文，则出血设置为0。若印刷品边缘有图文，一般需要设置3 mm出血，目的是为了防止在印后裁切时因误差而使成品边缘留下白边，影响成品的视觉效果。

1.1.3 图标面板

启动InDesign CC后，窗口右侧将显示若干图标面板，使用图标面板可以轻松访问页面、图层、色板、文本绕排、对象样式等选项。图1-6所示为将工作区设置成排版规则时的部分图标面板。

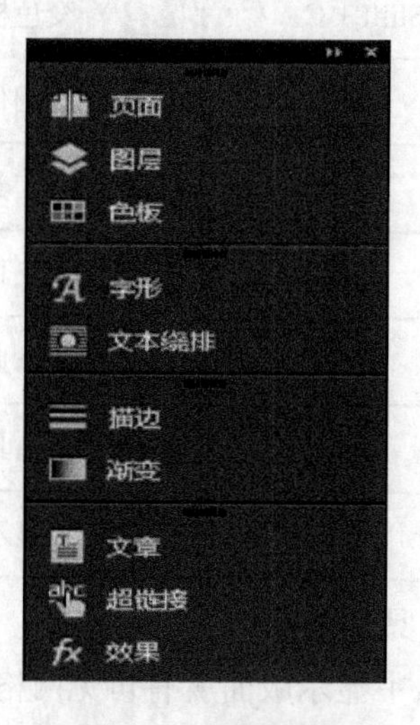

图1-6 图标面板

单击图标面板右上角的“展开面板”按钮，将显示扩展图标面板，如图 1-7 所示。在图标面板中单击图标按钮，将弹出与该图标相应的面板选项，如图 1-8 所示。

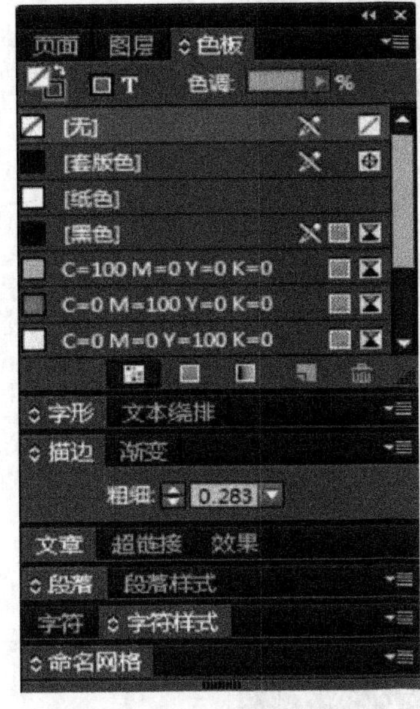

图 1-7　扩展图标面板

图 1-8　弹出的图标面板

1.2　文件的基本操作

在 InDesign CC 环境下，页面设计从创建一个文档开始。掌握基础的文件操作，是开始设计和制作作品的重要步骤。

1.2.1　新建文档

打开 InDesign CC，单击文件→新建命令(Ctrl + N)，将会弹出“新建文档”对话框，如图 1-9 所示。在该对话框中可以设置用途、页数、页面大小等信息。要指定出血和辅助信息区的大小，需要单击“出血和辅助信息区”前的箭头按钮，在弹出的如图 1-10 所示的对话框中进行设置。

“用途”选项：包括“打印”、“Web”和“数码发布”三个选项。制作印刷文件时选择“打印”，制作数字出版文件时选择“Web”。当选择“数码发布”时，页面大小应设置为所选的设备大小(以像素为单位)，此时“主文本框架”选项也将被启用。

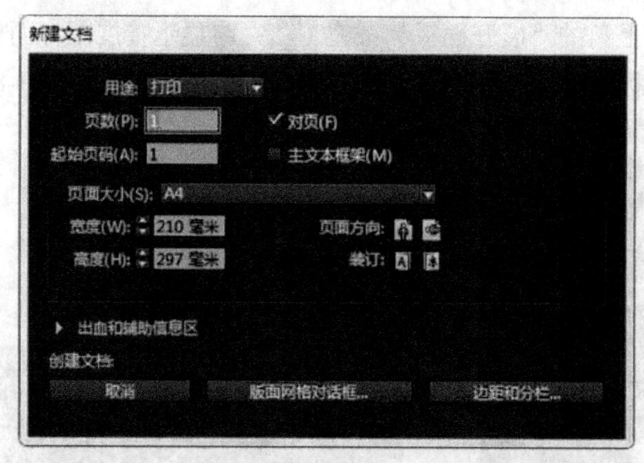

图 1-9　新建文档对话框

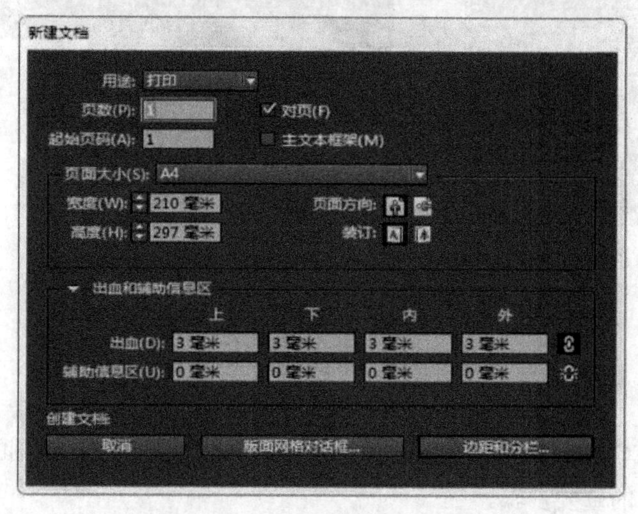

图 1-10　出血和辅助信息区设置

“页数”文本框：用于指定创建文档的页数。

“对页”复选框：选中此复选框后，可以在多页文档中建立左右页以对页(一次显示相对两页)形式显示版面格式(如书籍、杂志等出版物)，如图 1-11 所示。不选中此项则文档中的页面以单个页面显示(如单页、海报等出版物)，如图 1-12 所示。

“起始页码”文本框：该文本框可以指定文档的起始页码。如果选中“对页”并指定了一个偶数(如 2)，则文档中的第一个跨页将以一个包含两个页面的跨页开始。

“主文本框架”复选框：选择此项，将创建一个与页边距参考线内的区域大小相同的文本框。

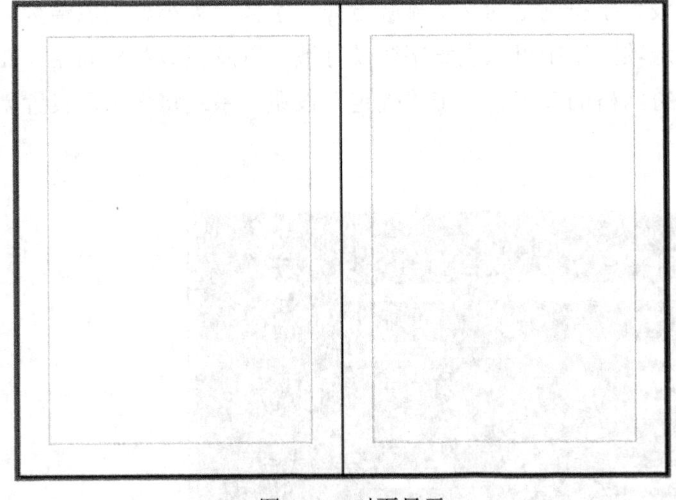

图 1-11　对页显示

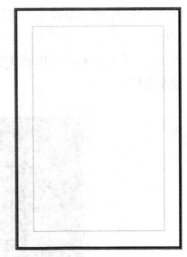

图 1-12　单页显示

“页面大小”选项：该选项可以从下拉列表中选择标准的页面尺寸，如 A3、A4、名片、光盘护封等；也可以键入宽度和高度值。

“页面方向”选项：该选项可以选择纵向或横向。当“页面大小”中高度值较大时，将选择“纵向”；当宽度值较大时，将选择“横向”。

“装订”选项：有两种装订方式可供选择，“从左到右”是指将按左边装订的方式装订，“从右到左”是指将按右边装订的方式装订。一般文本横排的版面选择左边装订，文本竖排的版面选择右边装订。

“出血”文本框：该文本框可以分别设置文档上、下、内、外的出血尺寸，也可以单击“将所有设置设为相同”按钮，使新建文档四面数值相同。

“辅助信息区”文本框：用于放置一些印刷用的标志等相关信息，比如：设计公司名称、输出公司名称、印刷商的说明、自定义颜色条、预留签样位置或其他有关文档的说明。定位在辅助信息区的对象将被打印，当页面按成品尺寸裁切后，辅助信息域的内容便会被丢弃。

“创建文档”区域：该区域提供两种新建文档的工作流程：“版面网格”和“边距和分栏”。无论选择哪种流程，所建文档的类型完全相同。可以单击版面→边距和分栏命令查看在文档中创建的版面网格，或通过视图→网格和参考线→隐藏版面网格来隐藏“版面网格”选项创建的文档版面网格。

“版面网格对话框”按钮：单击后将打开“新建版面网格”对话框，如图 1-13 所示。

在“网格属性”选项区域中可以设置字符网格的文字排版方向、字体、大小、缩放倍数、字间距、行间距；在“行和栏”选项区域中可以设置字数及行数，以及栏数和栏间距；在“起点”选项区域中可以设置字符网格的起点。单击“确定”按钮，系统将按用户设置创建新文档。

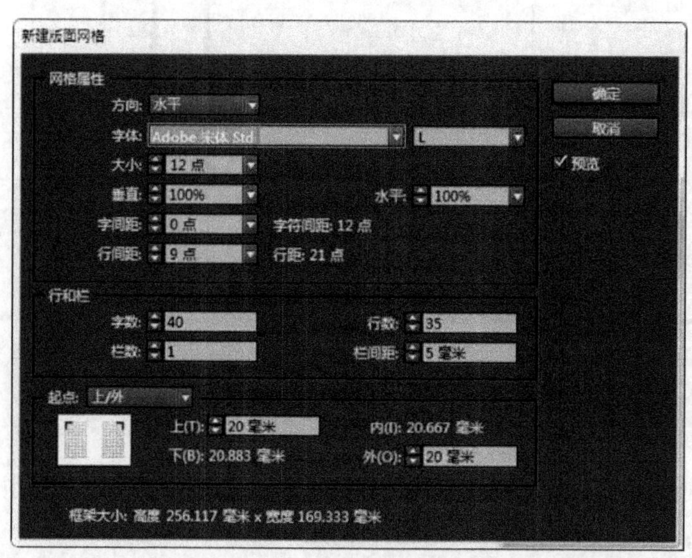

图 1-13　新建版面网格

“边距和分栏”按钮：单击后将打开“新建边距和分栏”对话框，如图 1-14 所示。在该对话框中可以设置“边距”选项区域中的数值以控制页面四周的空白大小；可以在“栏”选项区域中设置页面分栏指示线的栏数和栏间距以及文本框的排版方向。单击“确定”按钮，系统将按用户设置创建新文档。

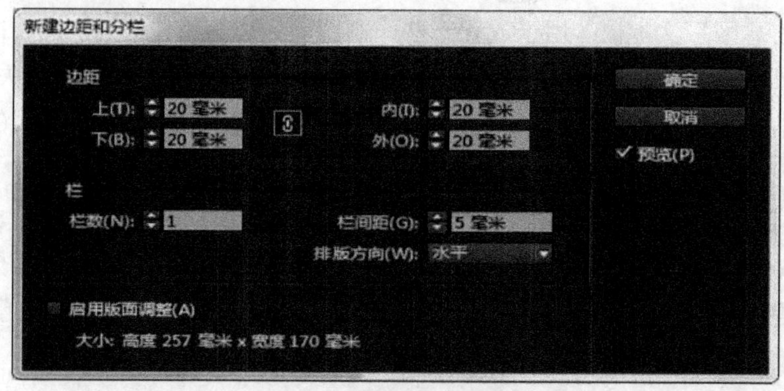

图 1-14　新建边距和分栏

1.2.2 保存文件

InDesign CC 可以使用“存储”(Ctrl + S)、“存储为”(Ctrl + Shift + S)、“存储副本”(Ctrl + Alt + S)命令保存文档，如图 1-15 所示。

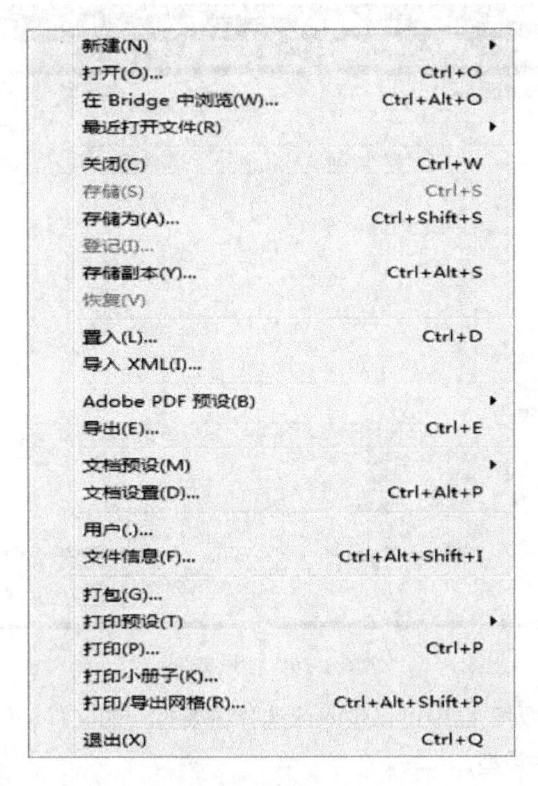

图 1-15　文件保存方式

当新建文件是第一次保存时，“文件”菜单里的“存储”和“存储为”命令功能相同，都会弹出存储为对话框，将当前文档命名后保存即可。

如果一个打开过的文件编辑后或是新建的文件已经存储过，要重新存储，应该对“存储”和“存储为”命令加以区分。“存储”命令不弹出存储为对话框，只对原文件进行覆盖存储。“存储为”命令仍会弹出存储为对话框，是在原文件基础上，重新命名并保存。

单击“存储副本”命令，会弹出“存储副本”对话框，该操作将把文件以文件副本的形式存储在相同文件夹里，“文件名”栏将自动在名称后加上“副本”字样，原文件不会被替换。

1.2.3　打开文件

单击文件→打开命令(Ctrl+O)，将弹出“打开文件”对话框，如图 1-16 所示。

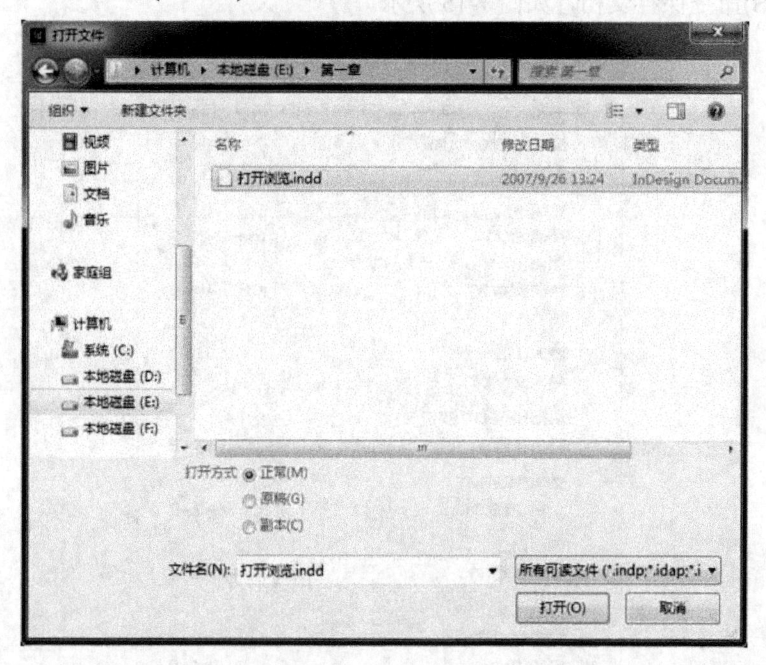

图 1-16　打开文件

在“文件名”下拉列表框中可以输入或选择需要打开的文件。“文件名”右侧下拉列表框用于选择不同的文件类型。

在“打开方式”选项组中，点选“正常”单选项，文件将正常打开；点选“原稿”单选项，将打开文件的原稿；点选“副本”单选项，将打开文件的副本。设置完成后可以直接双击文件或单击“打开”按钮来打开文件。

1.2.4　关闭文件

选择文件→关闭命令(Ctrl + W)，文件将会被关闭。如果文档没有保存，将会弹出提示对话框，如图 1-17 所示。单击“是”按钮，则在关闭之前对文档进行保存；单击“否”按钮，则不保存文档；单击“取消”按钮，则文档不会被关闭，也不会被保存。

图 1-17　关闭文件提示对话框

1.3　视图和窗口

1.3.1　视图的显示

1. 整页显示

单击视图→使页面适合窗口命令或视图→使跨页适合窗口命令，可以使页面或跨页适合窗口整页显示，如图 1-18 所示。

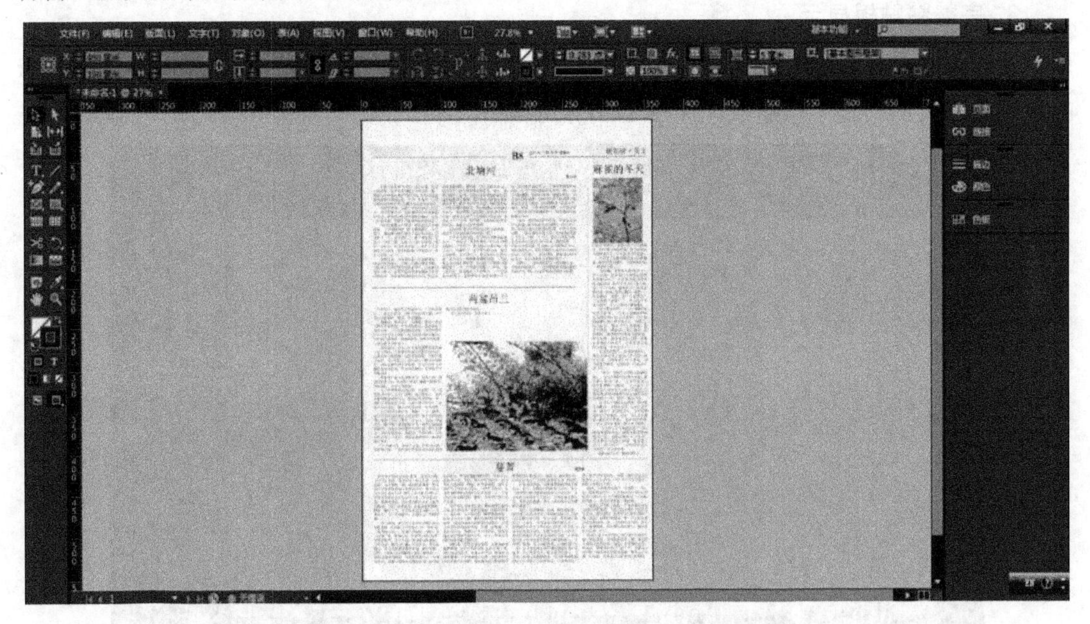

图 1-18　整页显示

2. 实际大小显示

选择视图→实际尺寸命令，可以在窗口显示实际页面大小(页面 100%显示)，如图 1-19 所示。

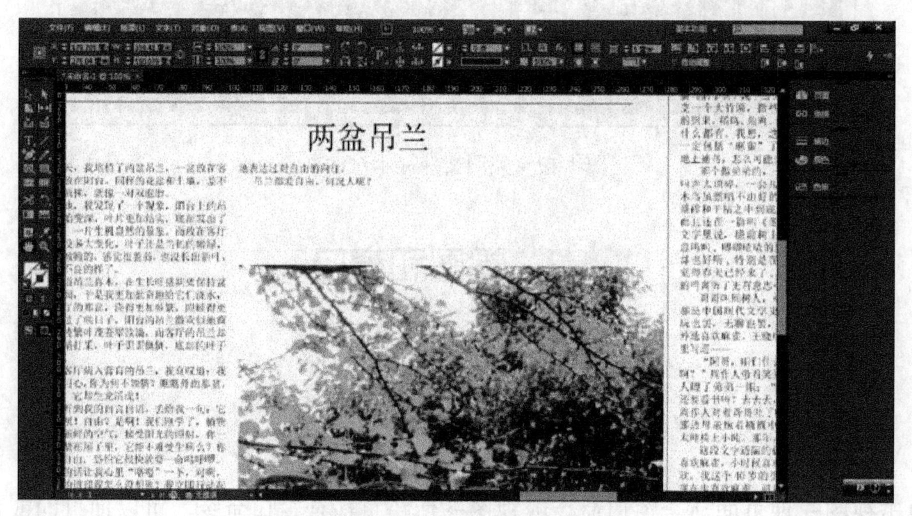

图 1-19　实际大小显示

3. 完整粘贴板显示

选择视图→完整粘贴板命令，可以查找或浏览全部粘贴板上的对象，此时屏幕中显示的是缩小的页面和整个粘贴板，如图 1-20 所示。

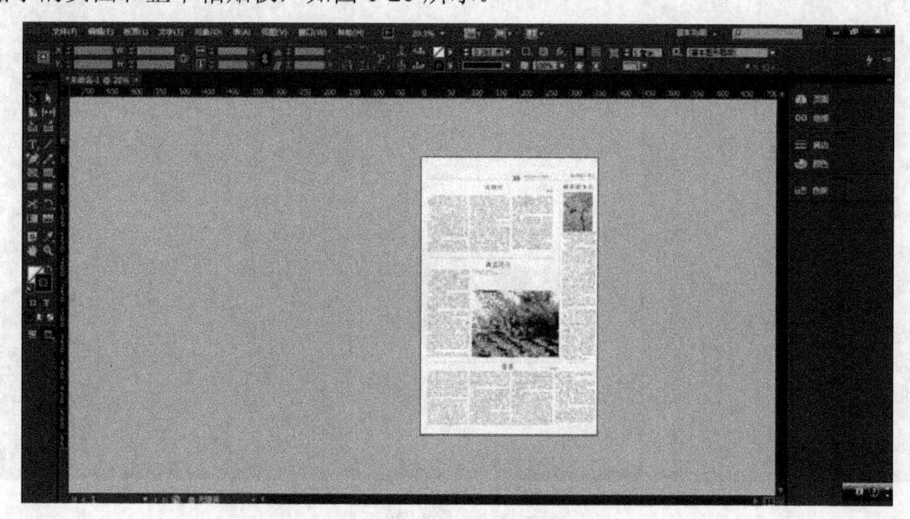

图 1-20　完整粘贴板显示

4. 页面缩放与移动

单击视图→放大命令(Ctrl + =)，可以将当前视图放大。单击视图→缩小命令(Ctrl + -)，可以将当前视图缩小。

在当前窗口中按快捷键 Z 选中缩放显示工具，鼠标指针将变为 🔍+ 图标，单击可以放大页面视图；按住 Alt 键时，缩放显示工具变为 🔍− 图标，单击可以缩小页面视图。

选择缩放显示工具，按住鼠标左健在需要放大的区域拖曳一个虚线框，如图 1-21 所示，虚线框范围内的内容将会被放大，如图 1-22 所示。

图 1-21　缩放页面

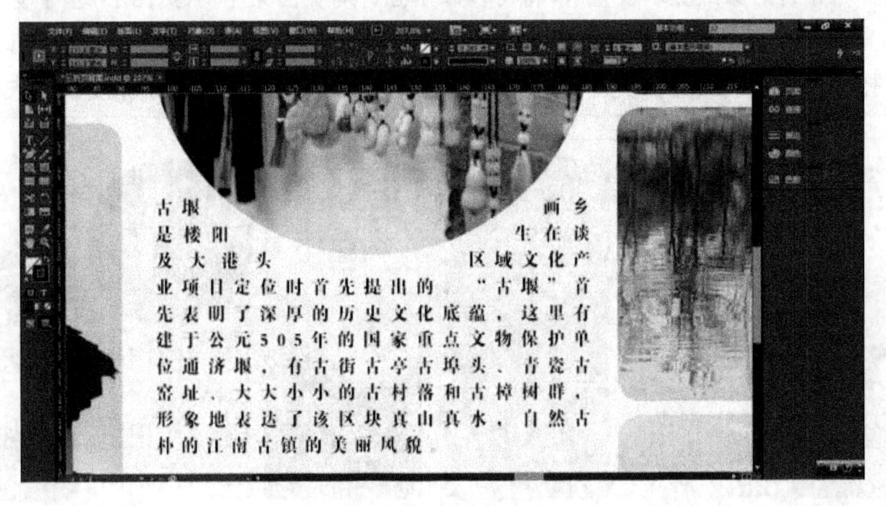

图 1-22　放大页面

在当前页面中点击右键，在弹出的快捷菜单中也可以更改页面视图。

单击抓手工具或按快捷键 H，按住鼠标左键可以对当前页面拖曳移动。

1.3.2 显示设置

单击视图→显示性能命令，或在当前页面中点击右键弹出的快捷菜单中选择“显示性能”，都可弹出如图 1-23 所示的菜单项。

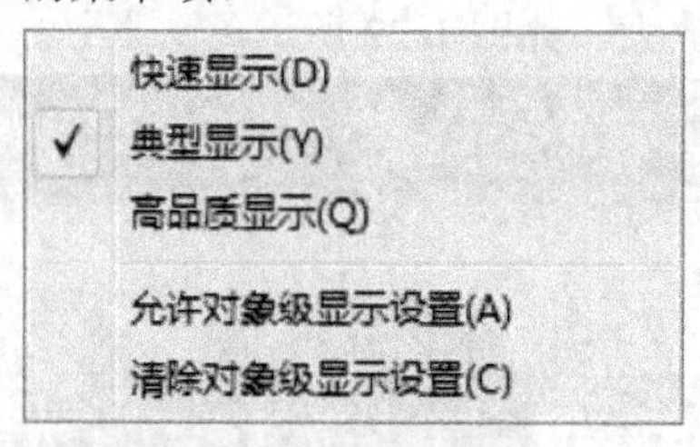

图 1-23　显示设置

选择“快速显示”，矢量图和位图会显示为灰色块，如图 1-24 所示。

选择“典型显示”，将以低分辨率显示代理图像，一般用于图像和图形的识别与定位，如图 1-25 所示。“典型显示”为默认选项。

选择“高品质显示”，将以高分辨率显示位图和矢量图，如图 1-26 所示。该选项显示效果最佳，但速度较慢，一般用于局部微调。

选择“允许对象级显示设置”，将可以以单独针对页面某个对象(图形)进行显示精度的更改。

选择“清除对象级显示设置”，将会使页面中针对单独对象的显示精度设置失效。

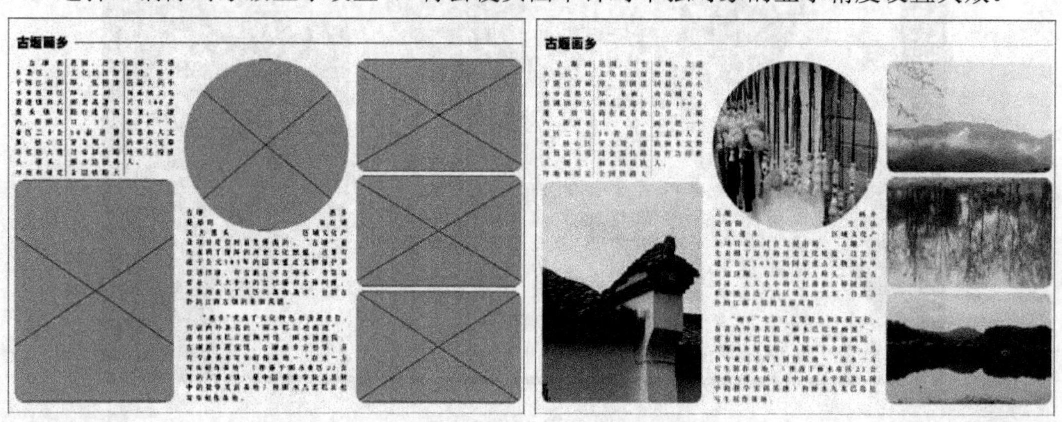

图 1-24　快速显示　　　　图 1-25　典型显示

古堰画乡

古堰画乡景区，位于浙江省丽水市莲都区碧湖镇和大港头镇境内，距丽水市区二十公里，核心区块包括大港头、堰头、坪地和保定范围，历史文化积淀深厚，氛围浓厚。龙丽、丽龙高速公路在此有出口，53、50省道贯穿全境，通过金温铁路丽水站接轨全国铁路大动脉，交通便捷，距中国最大的小商品城义乌只有100多公里。古堰画乡把一个生态和人文的丽水完整地传达给世人。

古堰画乡是楼阳生在读及大港头区域文化产业项目定位时首先提出的。“古堰”首先表明了深厚的历史文化底蕴，这里有建于公元505年的国家重点文物保护单位通济堰，有古街古亭古埠头、青瓷古窑址、大大小小的古村落和古樟树群，形象地表达了该区块真山真水，自然古朴的江南古镇的美丽风貌。

“画乡”突出了文化特色和发展定位，有省内外著名的“丽水巴比松画派”，建有丽水巴比松陈列馆、丽水油画院、古堰画乡展览馆、古堰画乡分校等，另有专业美术写生创作基地－“在水一方写生创作基地”（座落于丽水市区23公里的大港头镇，是中国美术学院及其附中的教学实训基地）和丽水九龙巴比松写生创作基地。

图 1-26　高品质显示

1.4　版面设计基础

版面设计是视觉传达的重要手段，是技术与艺术的统一。作为设计人员应根据设计主题，合理编排图像、图形、文字、色彩等元素，以达到吸引读者、传播信息的目的。

1.4.1　版面构成要素

版面是书刊、报纸等出版物一面中图文部分和空白部分的总和，包括版心部分和空白部分。通过版面可以看到全部版式设计，以书刊正文为例，其版面要素主要是版心内的标题、文字等，以及版口、天头、地脚、页眉、页码、订口等，如图 1-27 所示。

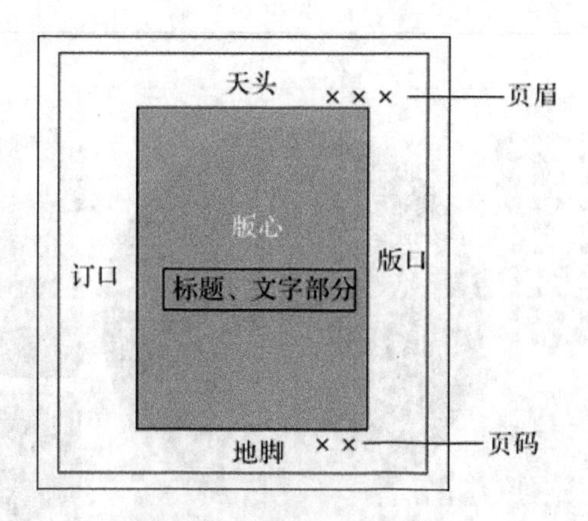

图 1-27　版面构成示意图

版心：页面中央编排图像和文字的部分。

版口：版心至印刷成品边缘的空白区域。

天头、地脚：版心上下两端与印刷产品边缘的空白区域。

页眉：排在天头部分的文字、符号，包括页码、文字、书眉线，一般用于检索篇章。

页码：书刊正文每一面都排有页码，页码一般排于版口侧。

订口：指装订位置。

版面大小为开本，开本以全张纸为计算单位，全张纸对折裁切称为对开，再对折裁切称为四开，依此类推，如图 1-28 所示。在实际生产中，由于纸张规格不同，故裁切得到同一开本的尺寸也不相同。

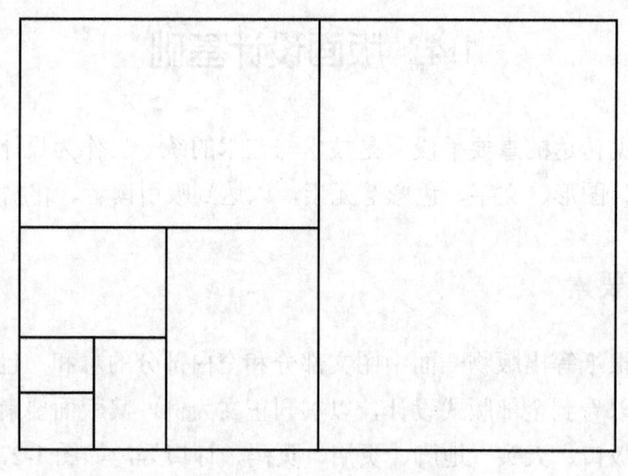

图 1-28　开本命名方法

1.4.2 版面构成原则

1. 思想性与单一性

版面设计的目的是为了更好地传播客户的信息，作为设计者不能陶醉于自我风格，要尊重客户意图，设计出与主题相符的作品。版面设计要体现内容的主题思想，并达到吸引读者便于理解的目的。主题鲜明、一目了然是设计思想的最佳体现。

2. 艺术性与装饰性

主题明确后，版面元素布局和表现形式成为版面设计艺术的核心。怎样才能达到意新、形美、变化又统一、富有审美情趣，取决于设计者文化的涵养。版面构成是对设计者思想境界、艺术修养、技术知识的全面检验。

版面的装饰因素是文字、图形、色彩等通过点、线、面的组合与排列构成的，并采用夸张、比喻、象征的手法来体现视觉效果的。不同类型的版面信息，具有不同方式的装饰形式，它不仅起着排除其他，突出版面信息的作用，而且又能使读者从中获得美的享受。

3. 趣味性与独创性

如果版面没有太多精彩内容，就需要靠制造趣味来吸引读者。充满趣味性的版面，会使传媒信息如虎添翼，起到画龙点睛的作用。趣味性可以用寓言、幽默、抒情等表现手法获得。

鲜明的个性是版面设计的创意灵魂，作为设计者要勤于思考，别出心裁，在版面设计中多一点个性少一些共性，才能赢得客户与读者的青睐。

★ 扩展阅读

版式设计中的留白

版式设计并非做得越满越丰富就是最好，而是应当适当地做出留白，给人留下想象与思考的空间。中国传统上有“计白守黑”这一说法，就是指编排的内容是实体的“黑”，斤斤计较的却是虚的“白”。“留白”指的是版面未放置任何图文的空间，它是“虚”的特殊表现手法，其形式、大小、比例，决定着版面的质量。讲究空白之美，是为了更好地衬托主题，集中视线和造成版面的空间层次。设计者在处理版面的时候，应该利用各种方式手段引导读者的视线，并给读者恰当留出视觉休息的空间，使其在视觉上张弛。

拼大版

拼大版指将单个页面按成品规格的大小或书籍页码的排版顺序，拼组成适合印刷机印刷的版式，以提高生产效率，如用对开机印刷正反面，则印刷一张纸可得到 8 面 16K。通常大版类型有单面印刷、正反版印刷、自翻身等。传统方式采用手工拼大版，将单页菲林片拼成大版后制版印刷。目前，较流行的是采用方正文合或 Preps 进行数字化拼大版，工作效率得到显著的提高。

版面设计必须符合思想内容，这是版面构成的根基。作为设计者，既要追求版面的形式美，也要时刻牢记设计的主题思想，形式与内容合理地统一，强化整体布局，才能实现版面构成中独特的社会和艺术价值。

版面的协调性是指版面内图形、图像、文字等要素在结构与色彩上的关联性，通过对各要素的编排，使版面具有秩序美、条理美，从而获得较好的视觉效果。

1.4.3 配色原则

1. 色相配色

色相配色可以分为同类色配色、邻近色配色、类似色配色、中差色配色、对照色配色、补色配色。用色相环(见图 1-29)上类似的颜色相行配色，可以起到稳静而统一的感觉，如图 1-30 所示；用色相环上距离远的颜色进行配色，可以达到一定的对比效果，如图 1-31 所示。

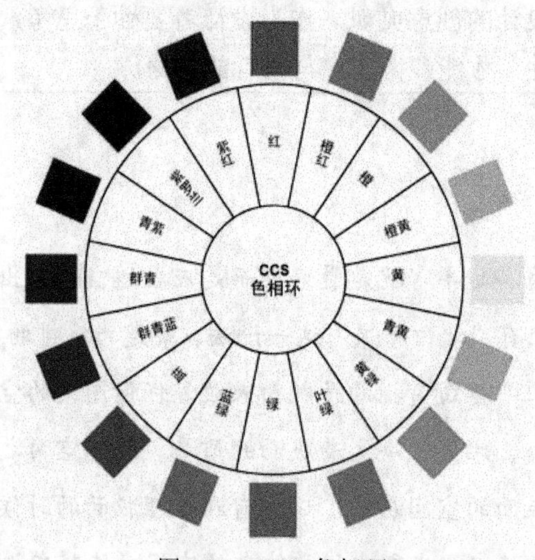

图 1-29　CCS 色相环

图 1-30　邻近色配色

图 1-31　对照色配色

2. 色调配色

色调配色可以分为同一色调配色、类似色调配色、对照色调配色。同一色调配色中色彩的明度和饱和度有共性，明度按色相略有变化。不同色调会产生不同的色彩印象，将纯色调全部放在一起，会产生活泼感。在对比色和中差色配色中，一般采用同一色调配色手法更容易进行色彩调和，如图 1-32 所示；类似色调配色的特征在于色调与色调之间有微妙的差异，较同一色调有变化，不会产生呆滞感；对照色调配色是相隔较远的两个或两个以上的色调搭配在一起的颜色，因色彩特性差异，对照色调配色能形成鲜明的视觉对比，有一种“相映”或“相拒”的力量使之平衡，因而能产生对比调和感。

图 1-32　同一色调配色

3. 明度配色

明度是配色的重要因素，明度的变化可以表现事物的立体感和远近感。将明度分为高明度、中明度和低明度三类，这样明度就有了高明度配高明度、高明度配中明度、高明度配低明度、中明度配中明度、中明度配低明度、低明度配低明度六种搭配方式。

其中高明度配高明度、中明度配中明度、低明度配低明度，属于相同明度配色。一般使用明度相同，色相和纯度变化的配色方式。

高明度配中明度、中明度配低明度，属于略微不同的明度配色。

高明度配低明度属于对照明度配色。

高明度配高明度有一种轻而淡、浮动而飘逸的感觉，适合用在女星脸上化妆品的设计上。

低明度配低明度则深重幽暗，较偏向男性的性格特点。

高明度配低明度的结果，其明度差别大，如交通标识、毒品或者危险区的色彩标识都使用这种配色。

4. 纯度配色

纯度也分为高纯度、中纯度、低纯度三类，同样会产生高纯度配高纯度、高纯度配中纯度、高纯度配低纯度、中纯度配中纯度、中纯度配低纯度、低纯度配低纯度六种搭配方式。

其中高纯度配高纯度、中纯度配中纯度、低纯度配低纯度，属于相同纯度配色。纯度越高，色彩愈显鲜艳华丽；纯度愈低，色彩愈显朴素而典雅、安静温和。因此通常用高纯度色来突出主体，用低纯度色来充当背景，从而得到统一协调的画面效果。同一纯度的色彩组合，由于各种色相的纯度达到了统一，所以画面感觉温馨协调。

高纯度配中纯度、中纯度配低纯度，属于略微不同的纯度配色。画面在统一协调的基础上更加生动活泼。

高纯度配低纯度属于对照纯度配色。纯度的对比会引起明度的差别，对照纯度配色能够突出高纯度的色彩，形成视觉反差和视觉焦点，从而产生吸引力。

第 2 章　文字的基本操作

文字的操作是出版物设计、排版的重要内容，本章通过案例学习添加、编辑文本的基本方法。让读者在实践练习中掌握字符面板的应用、文本的填充和描边等内容。

2.1　名 片 设 计

名片古代称名刺、名帖，是官员、商贾、文人雅士相互拜访时呈递的自我介绍的书面文件。在现代，名片是身份和成就的体现，也是文化和审美的表达，名片往往代表个人和企业的第一印象，甚至对商业活动和交际行为产生关键作用。

名片设计体现在方寸之间，难度较大，精美的名片让人爱不释手、乐于保存，能较好地发挥其功效。名片设计要求简洁大方，突出主体形象，名片内容分文字和图形，文字一般包括姓名、头衔、职务、职称、单位、地址、联系方式等；图形一般包括 Logo，线条、底纹等。

下面介绍如图 2-1 所示的名片的制作过程。

华特化工
沈海铭　经理
MOB:12510810005
江苏华特化工材料有限公司
TEL:0519-66056565　FAX:0519-66056565
QQ:362423556606　邮编 :213164
E-mail:haimingshen@163.com
公司地址：江苏省常州市常州科教城科教会堂 1 楼

图 2-1　名片

(1) 启动 InDesign CC，选择文件→新建→文档命令，设置页数为 1，宽度为 90 mm，高度为 45 mm，上、下、左、右出血为 3 mm，点击“边距和分栏”按钮，在相应对话框中设置上、下、左、右边距为 0，效果如图 2-2 所示。

(2) 单击文件→置入命令，选择文件“logo.ai”，将其置入当前页面并调整其位置和大小，如图 2-3 所示。

图 2-2　新建文件

图 2-3　置入图像

(3) 选中矩形工具(快捷键 M)，绘制矩形，分别填充颜色(75，5，100，0)和(100，90，10，0)，如图 2-4 所示。

(4) 选中文字工具(快捷键 T)，在页面空白处拖曳文本框输入“沈海铭”，设置字体为黑体，字号为 14 点，颜色为 K100；拖曳文本框输入“经理”，设置字体为黑体，字号为 7.5 点，颜色为 K100；拖曳文本框输入“MOB：12510810005”，设置字体为 Calibri，字号为 8.5 点，颜色为 K100。设置效果如图 2-5 所示。

图 2-4　绘制矩形

图 2-5　输入文字

(5) 单击文件→置入，选择“名片文字信息.doc”，在置入对话框中不要勾选“应用网格格式”(见图 2-6)，点击页面空白处，将文字信息置入到当前页面，如图 2-7 所示。

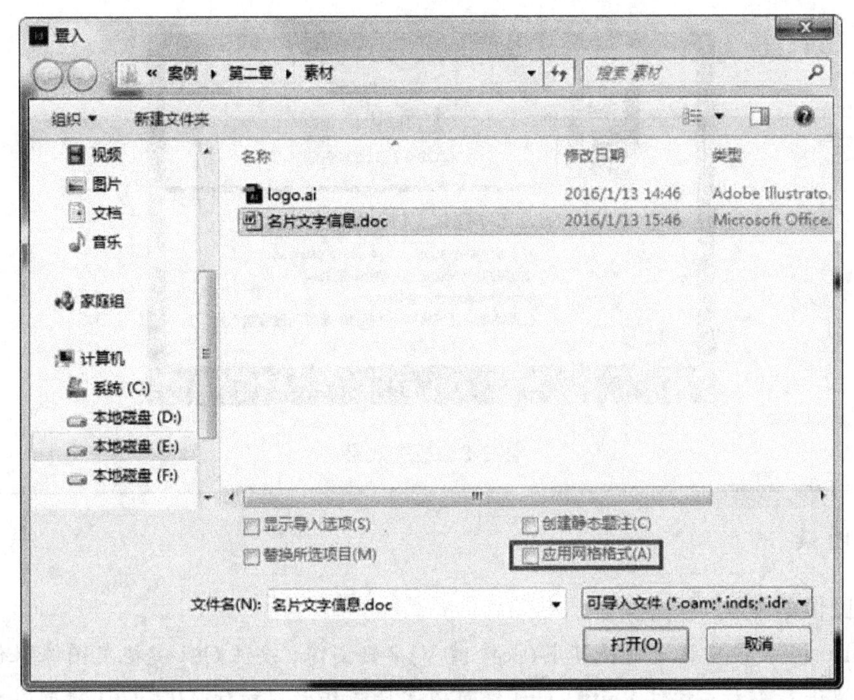

图 2-6　置入对话框

图 2-7　置入文本

(6) 用文字工具选中“江苏华特化工材料有限公司”，设置字体为方正兰亭黑_GB18030，字号为 10 点，行距为 18 点，颜色为 K100；选中其余文字，设置字号为 7 点，行距为 10 点，将汉字字体设置为方正兰亭黑_GB18030，将英文和数字字体设置为 Calibri。最终效果如图 2-8 所示。

图 2-8 最终效果

★ *扩展阅读*

置入图像的缩放

在 InDesign CC 中选中箭头工具(快捷键 V)单击图像，按住 Ctrl 键拖曳图像限位框可以对置入图像进行缩放；按住 Shift + Ctrl 键可以等比例缩放；按住 Alt + Ctrl 键可以当前图像几何中心为参考点进行缩放。有关图像编辑的详细操作见第 7 章。

名片印刷设计注意事项

名片外形尺寸可以分为标准名片(55 mm × 90 mm)、窄形名片(50 mm × 90 mm、45 mm × 90 mm)、折叠名片(90 mm × 95 mm、50 mm × 145 mm)、特殊尺寸名片四大类。

名片设计必须要用 CMYK 颜色模式，输出时分辨率选 300 ppi。底纹或底图色不要低于 10%，以免印刷时无法呈现该色。

名片裁切会有误差，因此上、下、左、右要留 3 mm 出血，在切刀足够精确的情况下，有时为了节约纸张也有留 2 mm 或 1 mm，甚至不留出血的情况。

页面内元素距离裁切线 3 mm 以上，避免裁切到文字，在进行发排输出时，文字应转成曲线(文字\创建轮廓)，避免因缺失字体而导致设计效果更改。

在名片中绘制的线条或描边，其粗细应不低于 0.1 mm，以免造成印刷时断线的情况。

名片印刷可分为单色、双色、三色、四色、专色等几种，公司企业视觉识别要求严格的常使用专色印刷。除此之外，有些名片需要上光、做圆角、压痕等相关后加工工艺。名片印刷的数量往往决定印刷的方式，印量较少则采用数码印刷，印量较大时可采用传统印刷。

2.2 景点门票设计

门票，通常是由商业活动的主办方或者旅游景点的管理方负责发行制作、销售并监管使用的一种票证。门票一般包括正券和副券，正券用于宣传、收藏，一般印有风光图案等；副券是进入景点参观的凭证，一般印有票价、编号等文字信息。门票设计通常没有固定尺寸，为使其方便携带，通常有 200 mm × 80 mm 和 200 mm × 70 mm 两种设计尺寸，有些门票还应用了防伪工艺。本节通过对文字填色、描边、改变字符属性等操作完成景点门票的设计制作。

下面介绍如图 2-9 所示的门票的制作过程。

图 2-9　门票

(1) 选择文件→新建→文档，设置页数为 1，宽度为 200 mm，高度为 80 mm，上、下、左、右出血为 3 mm，点击“边距和分栏”，设置上、下、左、右边距为 0，如图 2-10 所示。

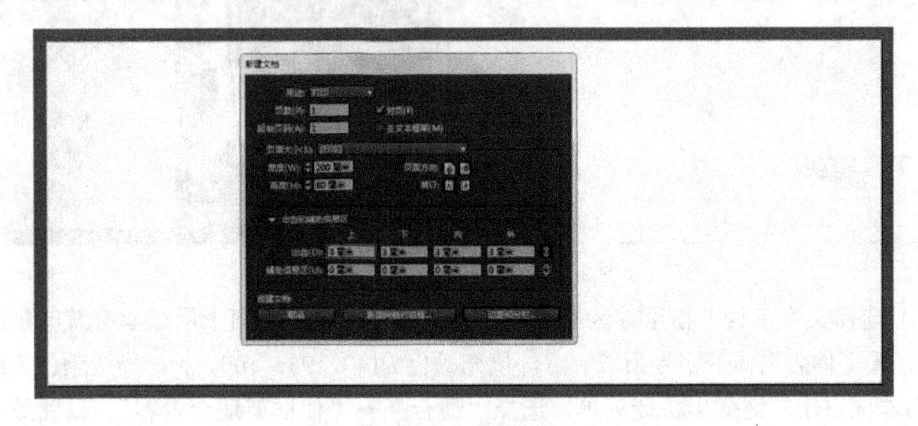

图 2-10　新建文件

(2) 单击文件→置入，选择文件“江南风光 01.jpg”，将其置入页面左侧正券区域，设置效果如图 2-11 所示。

图 2-11　置入图像

(3) 单击文件→置入，选择文件“江南风光 02.jpg”，点击页面空白处将其置入页面，拖曳图像限位框裁剪图像并移动图像至副券区域，选择窗口→效果，将其透明度设置为 50%。设置效果如图 2-12 所示。

图 2-12　置入图像并调节透明度

(4) 选择文字工具，在正券区拖曳一个文本框输入文字“第十届江南旅游节景区参观券”，设置字体为黑体，字号为 25 点，填充颜色为(40，93，100，0)，描边颜色为纸色。选中文本框点击右键弹出快捷菜单，选择“适合”→“使框架适合内容”。设置效果如图

2-13 所示。

图 2-13　输入文字并设置填充和描边

★ ***扩展阅读***

文字的填充与描边

如果仅用选择工具选中文本框，则需要点击“格式针对文本”工具(快捷键 J 可以在“格式针对容器”和“格式针对文本之间切换”)，然后对文字进行填充和描边的设置。也可以用文字工具将所输入字符全部选中，直接对其进行填充和描边的设置，如图 2-14 所示。

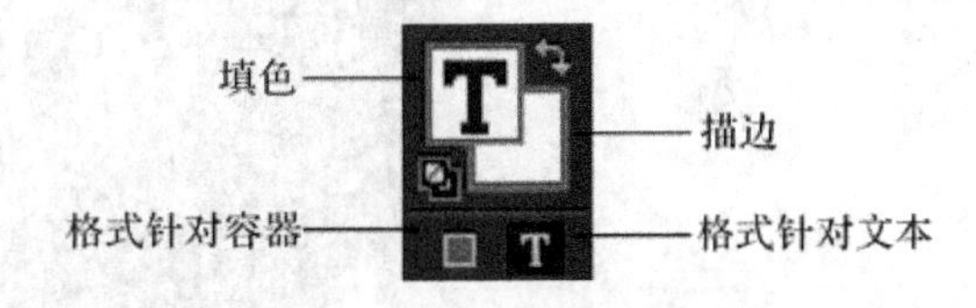

图 2-14　文字的填充和描边

(5) 选择直排文字工具，在正券区拖曳一个文本框，输入直排文字“梦江南”，设置字体为华文行楷，字号为 30 点，填充颜色为黑色 K100。选中文本框，选择窗口→效果，设置不透明度为 50%，右键弹出快捷菜单选择“适合”→“使框架适合内容”。

用直排文字工具在页面中拖曳一个直排文本框并保持其选中状态，单击文件→置入，选择“梦江南.doc”，将文字信息置入到直排文本框内，选中文字，设置字体为华文行楷，字号为 11 点，行距为 15 点。选中文本框，设置不透明度改为 50%。设置效果如图 2-15 所示。

图 2-15　直排文字

(6) 选择文字工具，在副券区拖曳文本框，分别输入“副”、“券”，设置字体为黑体，字号为 30 点，填充颜色为(40，93，100，0)。设置效果如图 2-16 所示。

图 2-16　输入文字

(7) 选择椭圆工具(快捷键 L)，按住 Shift 键画一个正圆形并调整其大小，设置填充为“应用无”，描边颜色为(40，93，100，0)，描边粗细设置为 1 点。保持圆形选中状态，按住 Alt 键拖动复制一个圆形。选择窗口→对象和版面→对齐，弹出对齐面板。单击“选择工具”，按住 Shift 键将圆形和“副”选中，在对齐面板中分别单击“水平居中对齐”和“垂直居中对齐”，再将圆形和“券”进行同样的操作。按住 Shift 键同时选中“副”、“券”和两个圆形，单击“水平居中对齐”，并将其移动到合适的位置。设置效果如图 2-17 所示。

图 2-17　绘制图形

(8) 选择文字工具，在副券区拖曳文本框，输入“当日有效无副券作废”，设置字体为黑体，字号为 10 点，行距为 12 点，填充颜色为(40，93，100，0)；输入“NO.000001”，设置字体为 Arial，字号为 15 点，行距为 18 点，填充颜色为(40，93，100，0)；输入“票价：80 元”，行距设置为 18 点，汉字字体设置为黑体、填充颜色为 K100，数字字体为 Arial、填充颜色为(40，93，100，0)；输入“江苏屹立文化传播有限公司”、“旅游热线：0519-66055656”，设置字体为黑体，字号为 8 点，填充颜色为 K100，行距为 9.6 点。设置效果如图 2-18 所示。

图 2-18　文字输入与调节

★ **扩展阅读**

门票印刷设计注意事项

门票通常要求一票一号，因此门票印刷属于可变数据印刷，印量较少的门票可以用数码印刷，而印量较多时可采用胶印加打码的组合方式印刷。

第 3 章　编辑文本与应用样式

本章通过案例继续学习文本的编排，让读者在实践中掌握串接文本、项目符号和编号、复合字体及样式的应用等操作，从而能够更加规范和高效的排版。

3.1　企业宣传单页设计

宣传单页是帮助客户推销产品、促进销售的一种印刷品。宣传单页常用的印刷尺寸为 210 mm × 285 mm(大度 16 开)或 420 mm × 285 mm(大度 8 开)，也可根据客户需要选择其他尺寸，一般选用 128 克或 157 克铜版纸正反面彩色印刷完成。在进行宣传单页设计时，首先要有明确的主题，根据市场调研确定标题和宣传语，页面设计要简洁，重点突出主要产品，店名、地址、电话号码等要注意设计技巧，以便于客户记忆。

下面介绍如图 3-1 所示的企业宣传单页的制作过程。

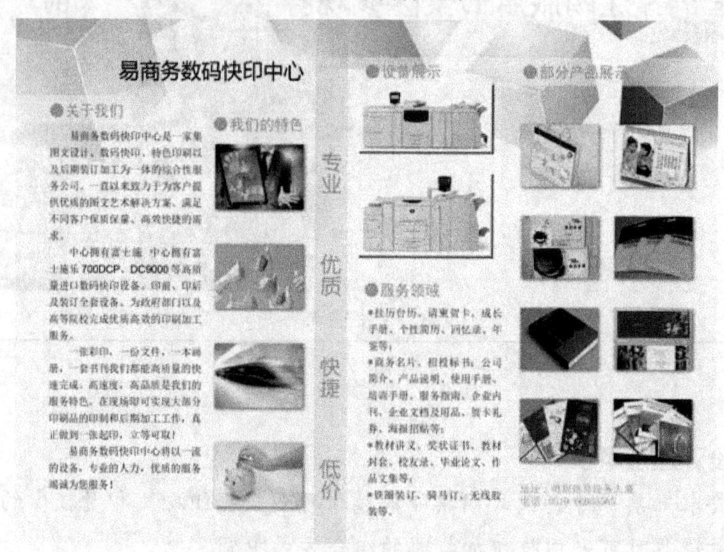

图 3-1　企业宣传单页

(1) 启动 InDesign CC，选择文件→打开，打开“宣传单页练习.indd”，如图 3-2 所示。

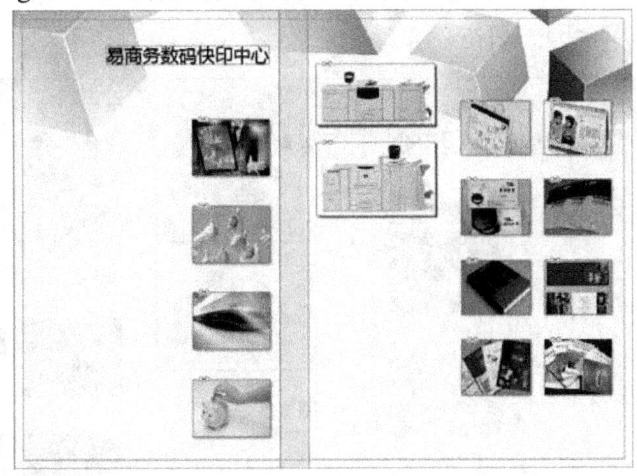

图 3-2　打开素材

(2) 选择矩形工具，单击当前页面，弹出矩形对话框，在宽度和高度栏分别输入(36 mm，8 mm)和(135 mm，8 mm)得到两个矩形，填充颜色为纸色，按住 Shift 键同时选中两个矩形，选择窗口→效果，将不透明度改为 50%，调整矩形位置，效果如图 3-3 所示。

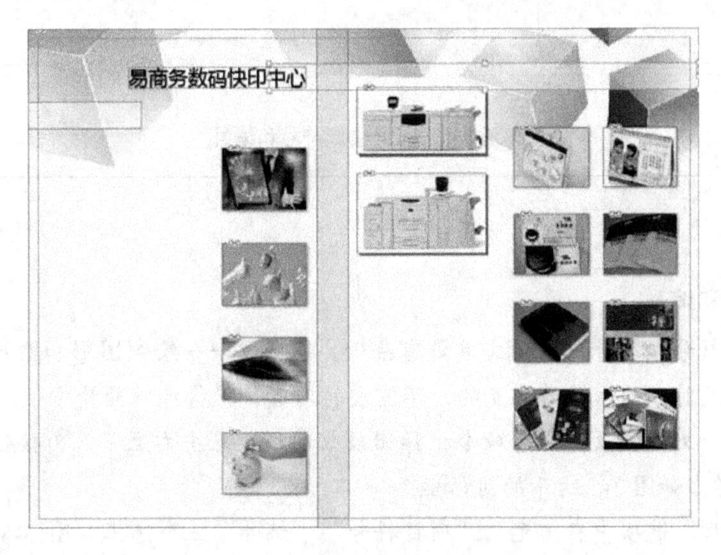

图 3-3　绘制矩形

(3) 选择文字工具，拖曳出五个文本框，分别输入“关于我们”、“我们的特色”、“设备展示”、“部分产品展示”、“服务领域”，用文字工具选中“关于我们”，设置字体为黑体，字号为 13 点，颜色为(0，60，100，0)，并为其应用项目符号“BLACK CIRCLE”，制表符位置为 5 mm，结果如图 3-4 所示。

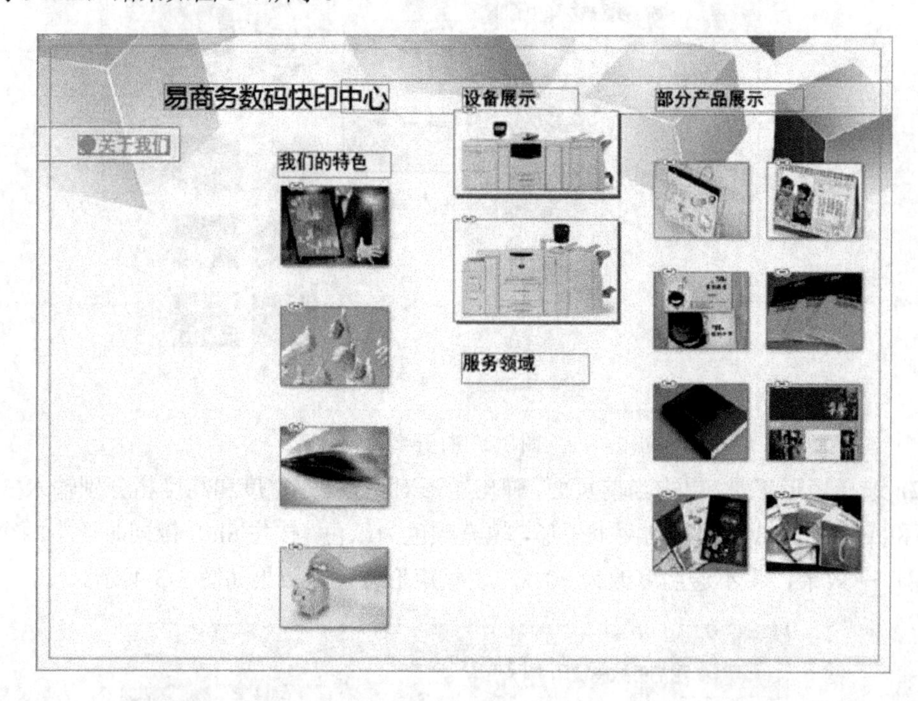

图 3-4　应用项目符号和编号

★ **提示：**

项目符号和编号

使用项目符号和编号可以使文章更有条理，不需要一一绘制图形和输入数字。而且删除修改文字信息时，图形是随文走的，不需要再对齐，使得操作简捷方便。

单击窗口→文字和表→段落命令，弹出段落面板，点击右上下三角按钮选择“项目符号和编号”，弹出如图 3-5 所示的对话框。

“列表类型”选项中有“无”、“项目符号”、“编号”三个选择。图 3-5 中的“列表类型”为“项目符号”，单击“添加”按钮会弹出“添加项目符号”对话框，此时可以选择用户需要的项目符号；而若“列表类型”选择“编号”，则可以在“编号样式”中选择阿拉伯数字或罗马数字等样式，如图 3-6 所示。

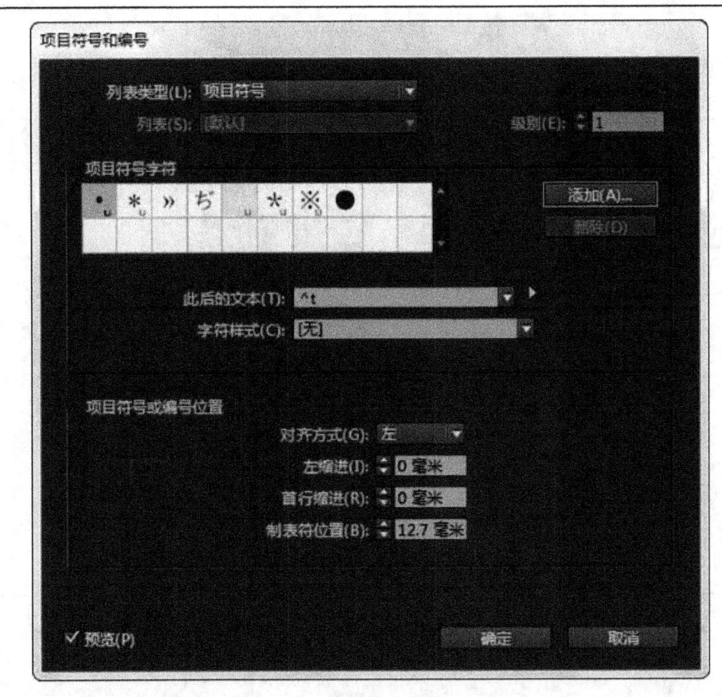

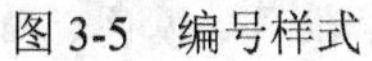
图 3-5 编号样式

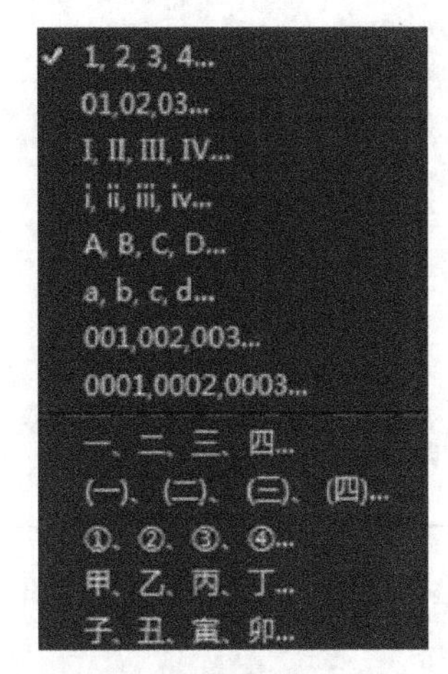

图 3-6 编号格式

项目符号或编号位置

对齐方式：在为编号分配的水平间距内左对齐、居中对齐或右对齐项目符号或编号。(如果此间距很小，则三个选项之间的差异可以忽略。)

左缩进：指定第一行之后的行的缩进量。

首行缩进：控制项目符号或编号的位置。

制表符位置：可以控制项目符号或编号与列表项目的起始处之间生成空格。

注：“项目符号和编号”对话框中的“左缩进”、“首行缩进”和“制表符位置”设置均为段落属性。因此，在段落面板中更改这些设置也会更改项目符号列表和编号列表格式。

取消项目符号和编号

选择需要取消的文字信息，在项目符号和编号对话框的“列表类型”中选择“无”，即可取消项目符号和编号。

(4) 选择吸管工具，单击“关于我们”，当光标变为时，使用吸管工具选择其余四个标题，更改其字符属性并应用项目符号，结果如图 3-7 所示。

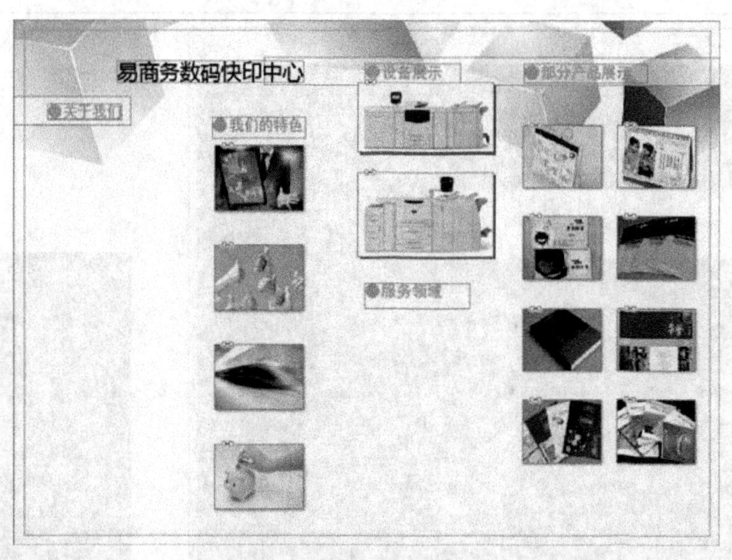

图 3-7　吸取文字属性

★ **提示：**

使用吸管工具可以快速复制文字属性(如字符、段落、填色、描边、项目符号和编号等)，使用方法有两种。

将文字属性复制到未选中的文本

使用吸管工具，单击需要复制的文字属性，指针将呈反转方向，并呈现填满状态，表示它已经载入了所复制的属性。将吸管工具放置在文本上方时，将会呈现为，用吸管工具选择要更改的文本，选定的文本即会具有吸管所载的属性。

将文字属性复制到选中的文本

用文字工具选择需要被设置的文本，用吸管工具单击需要从中复制属性的文本(同一InDesign 文档内)，此时吸管工具将反转方向，并呈现填满状态，表示它已经载入了所复制的属性，这些属性将被应用于被选择的文本。

要清除吸管工具当前所具有的格式属性，按住 Alt 键即可。吸管工具重新变为时，可以重新选取新属性。

(5) 单击文件→置入，选择“公司简介.txt”(不要勾选“显示导入选项”、“换所选项目”和“应用网格格式”)，单击打开。鼠标显示为状态，拖动鼠标将文字信息置入到当前页面，设置字体为宋体，字号为 9 点，行距为 14 点，颜色为 K100。保持文本框为选中状态，选择窗口→文字和表→段落，打开段落面板，设置首行左缩进为 6 mm，如图 3-8 所示。

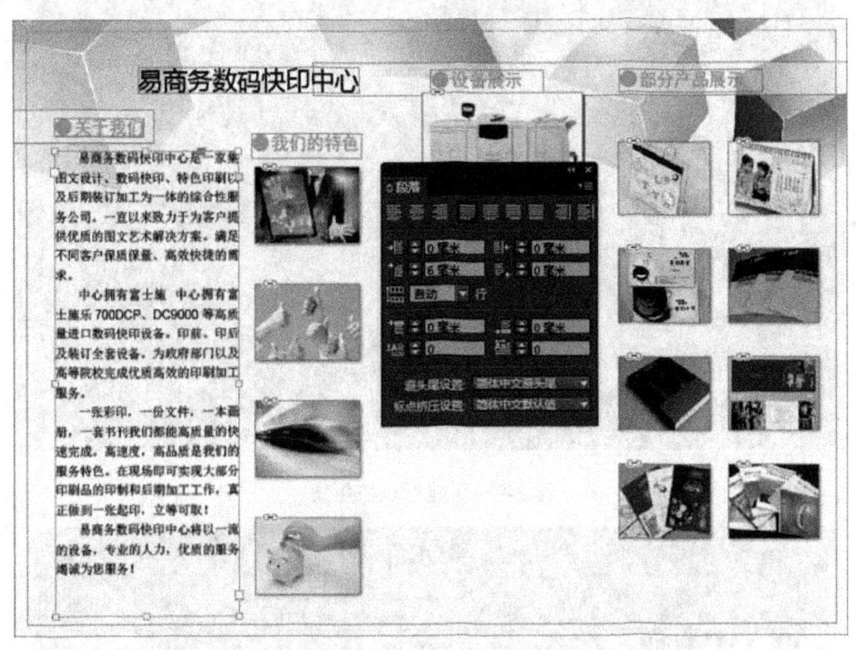

图 3-8　首行左缩进

★ **提示：**

在 InDesign CC 中通常用两种方法设置段前空格，一种方法是利用段落面板进行左缩进设置，即根据两个字的宽度设置左缩进参数。这种设置方法不会随着字号改变而更改缩进的距离，缩进参数需要随字号变化而重新设定。另一种方法是利用标点挤压设置，这种设置方法可以精确地空出两个字符的宽度，并能随着字号的改变而自动更改缩进距离，较为便捷，其设置方法为标点挤压设置。

标点挤压设置

选择文字→标点挤压设置→基本，单击“新建”按钮，在弹出的新建标点挤压集对话框中将“名称”设置为“段前空格”，“基于设置”设置为“简体中文默认值”，如图 3-9 所示。单击“确定”按钮，设置“段落首行缩进”为 2 个字符，如图 3-10 所示，单击“存储”按钮，再单击“确定”按钮，完成标点挤压设置。

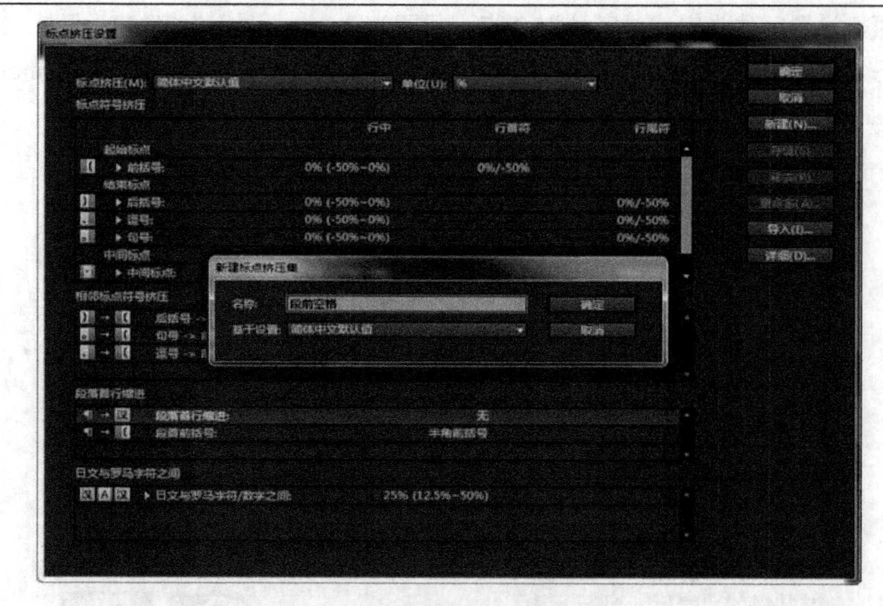

图 3-9　新建标点挤压集

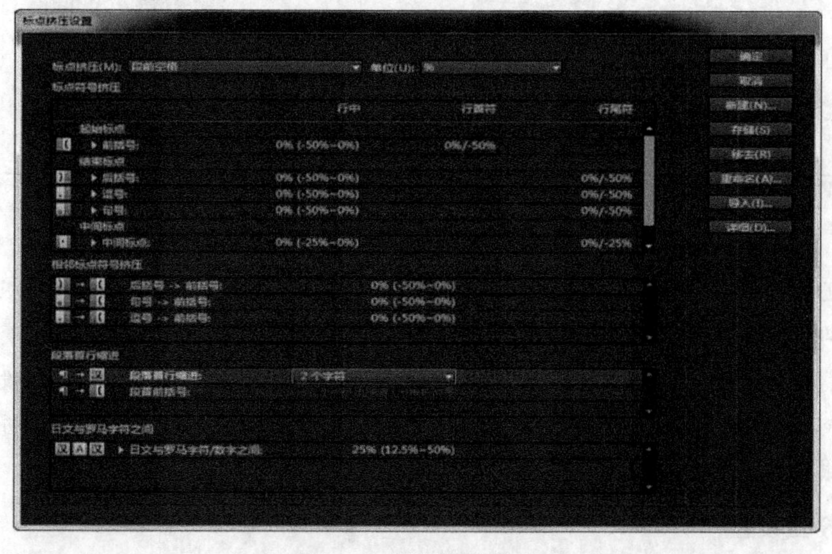

图 3-10　标点挤压设置

(6) 单击文件→置入，将“服务领域.txt”置入到当前页面，设置字体为宋体，字号为9点，行距为14点，颜色为K100。保持文本框为选中状态，打开段落面板，并将其应用项目符号“ASTERISK”，制表符位置为2 mm，如图3-11所示。

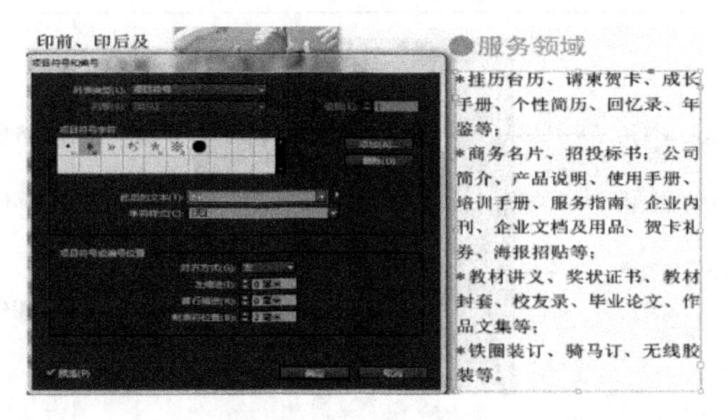

图 3-11　项目符号设置

(7) 选择矩形工具，单击页面空白处，弹出矩形对话框，在宽度和高度栏分别输入(10 mm，156 mm)绘制矩形，填充颜色为(0，60，100，0)，选择窗口→效果命令，将不透明度改为 20%。选择直排文字工具分别输入“专业”、“优质”、“快捷”、“低价”，并调整其位置位于矩形上方。选择文件→置入命令，将“联系方式.txt”置入到当前文档，设置字体为宋体，字号为 9 点，行距为 10.8 点，填充颜色为(0，60，100，0)。最终效果如图 3-12 所示。

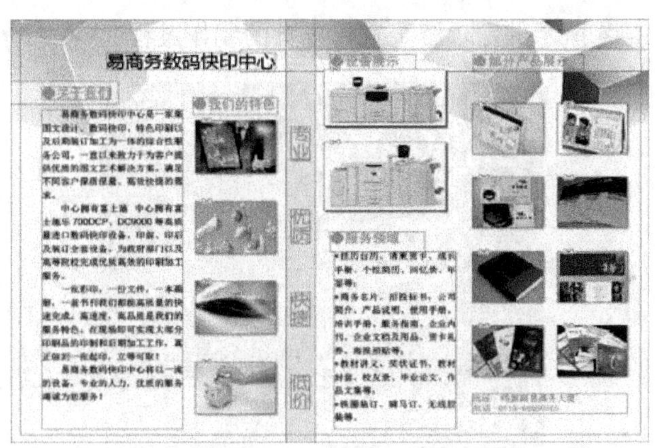

图 3-12　最终效果

★ 提示：

对齐和分布对象

选择窗口→对象和版面→对齐命令，弹出对齐面板，可以沿选区、边距、页面、跨页来水平或垂直地对齐和分布对象，如图 3-13 所示。

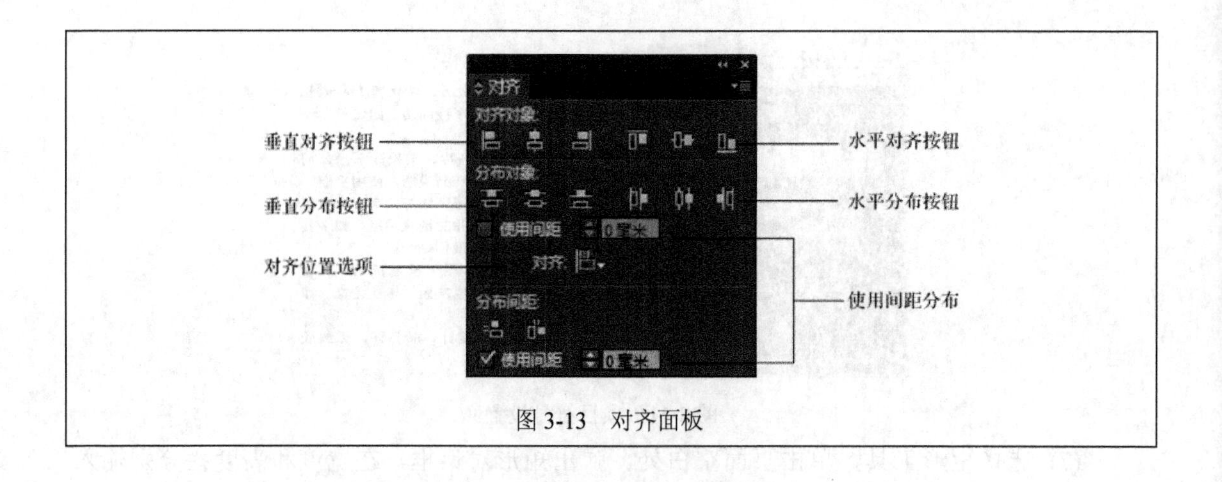

图 3-13　对齐面板

3.2　专项资金宣传单页设计

本节讲解的宣传单页为标准大 16 开尺寸，以文字设计为主要内容，主要介绍文字的填充与描边、段落线的设置、项目符号的应用以及复合字体设置等。

下面介绍如图 3-14 所示的专项资金宣传单页的制作过程。

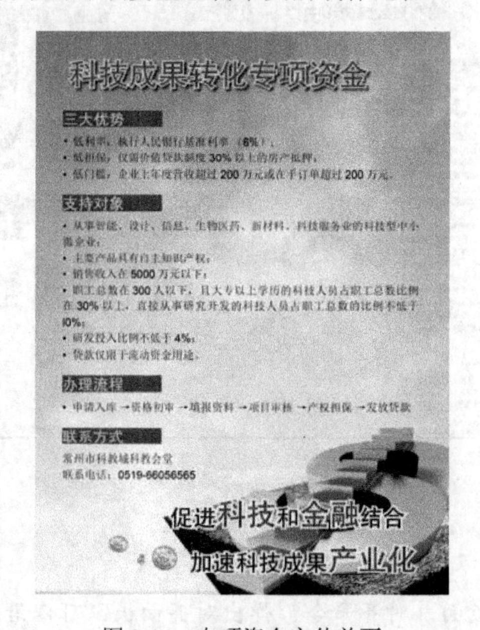

图 3-14　专项资金宣传单页

(1) 启动 InDesign CC，选择文件→新建→文档，设置页数为 1，宽度为 210 mm，高度为 285 mm，上、下、左、右出血为 3 mm，不勾选“对页”，点击“边距和分栏”按钮，设置上、下、左、右边距为 0，如图 3-15 和图 3-16 所示，点击“确定”按钮新建空白文档。

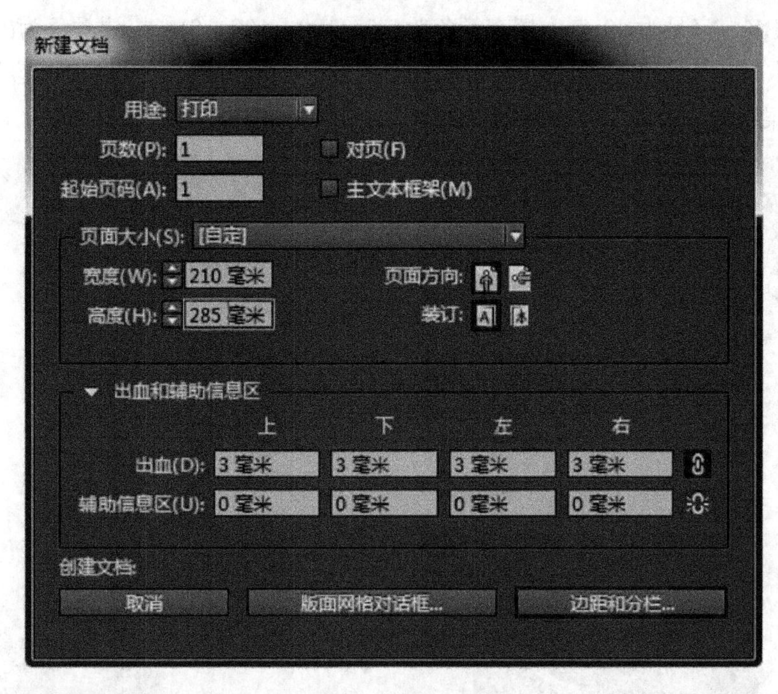

图 3-15 新建文档

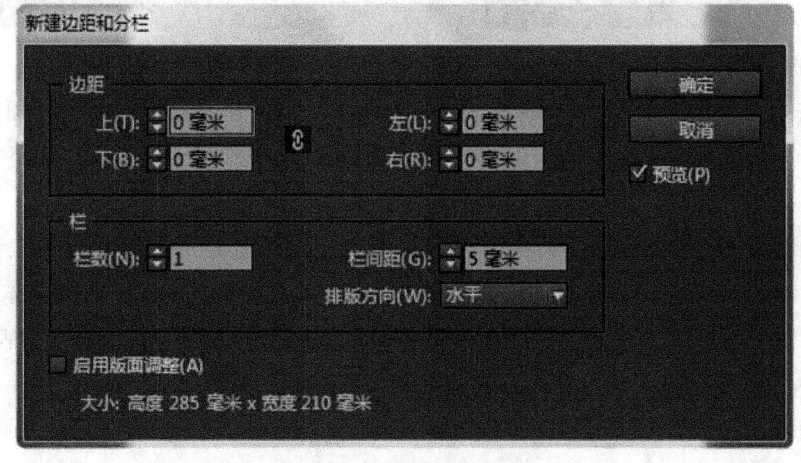

图 3-16 新建边距和分栏

(2) 选择文件→置入，在置入对话框中选择“专项资金宣传单页背景.PSD”将其置入到页面内，如图 3-17 所示。

(3) 选择文字工具，在页面内拖曳文本框输入“科技成果转化专项资金”，设置字体为方正黑体_GBK，字号为 43 点，填充颜色为(15，100，100，0)，描边颜色为(0，0，100，0)。选中文本框，点击右键弹出快捷菜单，选择“适合”→“使框架适合内容”，单击“对像”→“效果”→“投影”，设置投影效果，如图 3-18 所示。

图 3-17　置入背景图像

图 3-18　输入文字

(4) 单击文件→置入，选择“专项资金信息.txt”(不要勾选“显示导入选项”、“换所选项目”和“应用网格格式”)，单击打开。鼠标显示为 状态，拖动鼠标将文字信息置入到当前页面。

(5) 单击文字→复合字体，弹出复合字体编辑器对话框，点击“新建”按钮，在“复合字体”文本框中选择宋体 + Arial。设置“汉字”、“标点”、“符号”字体为宋体，“罗马字”和“数字”字体为 Arial，单击“全角字框”按钮，设置“罗马字”和“数字”基线为 –1%，如图 3-19 所示，点击“确定”按钮建立复合字体。新建立的复合字体可以在控制面板或字符面板内选择，如图 3-20 所示。

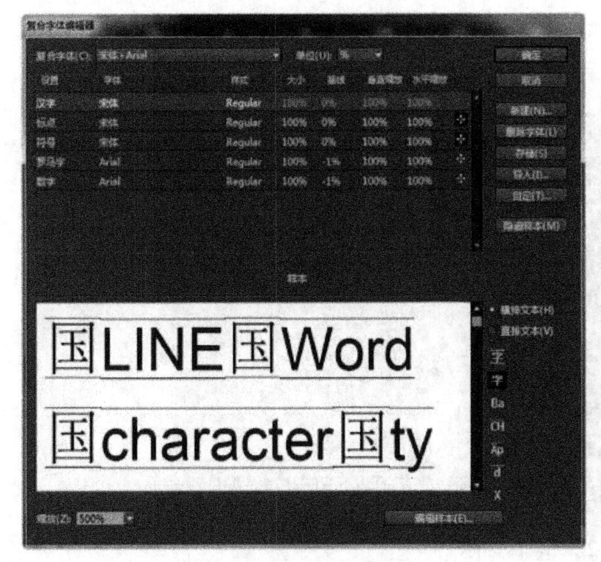

图 3-19　复合字体编辑器

图 3-20　新建复合字体后选择

(6) 选择文字工具，将文字光标插入到文本框内，按 CTRL + A 键全选文字内容，设置字体为宋体 + Arial，字号为 16 点，行距为 23 点，文字填充颜色为 K100，如图 3-21 所示。

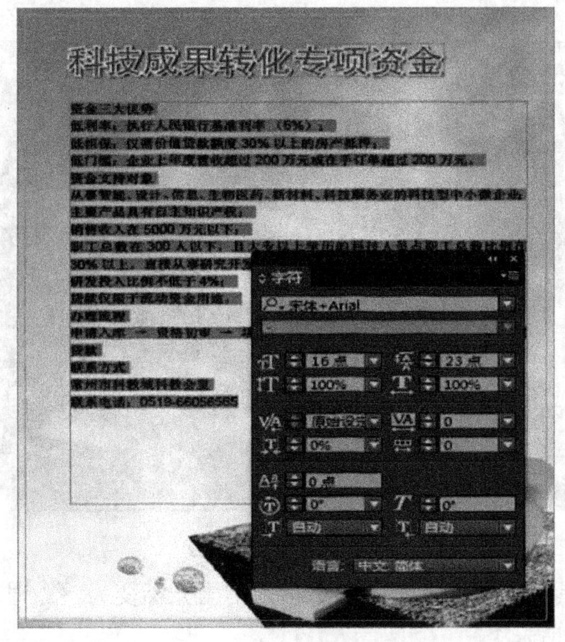

图 3-21　字符编辑

(7) 用文字工具选中“资金三大优势”，设置字体为方正黑体_GBK，字号为22点，填充颜色为(0，0，100，0)。选择窗口→文字和表→段落，打开段落面板，设置段前间距为6 mm，段后间距为3 mm。设置效果如图3-22所示。

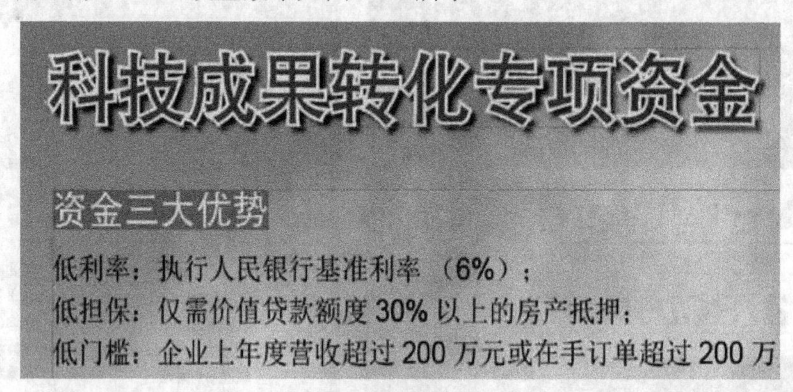

图3-22　编辑标题

(8) 单击段落面板左上角的下三角按钮，选择“段落线”，勾选“启用段落线”复选框，设置“粗细”为23点，“颜色”为(15，100，100，0)，“宽度”为栏，“右缩进”为130 mm，如图3-23所示。

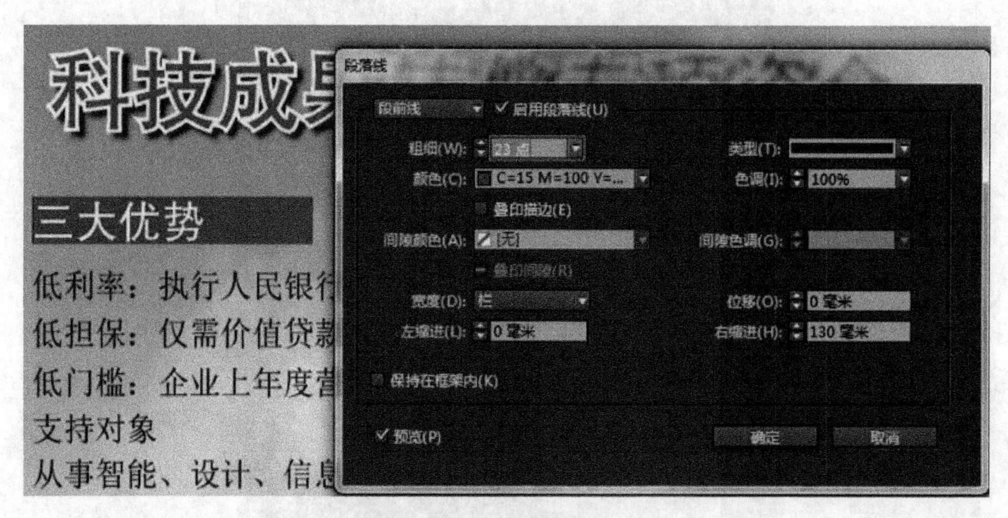

图3-23　设置段落线

(9) 选择吸管工具，单击设置好的文字标题，当光标变为 时，使用吸管工具选择其余标题，如图3-24所示。

(10) 用文字工具选中第一个标题下的文字，单击段落面板左上角的下三角按钮，选择

“项目符号和编号”，弹出“项目符号和编号”对话框，在“列表类型”选项中选择“项目符号”，“项目符号字符”选择“BULLET”“制表符位置”设置为 5 mm，如图 3-25 所示。

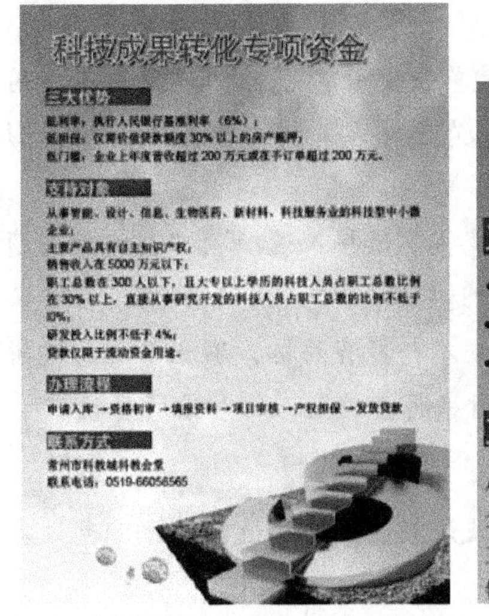

图 3-24　应用吸管工具(1)

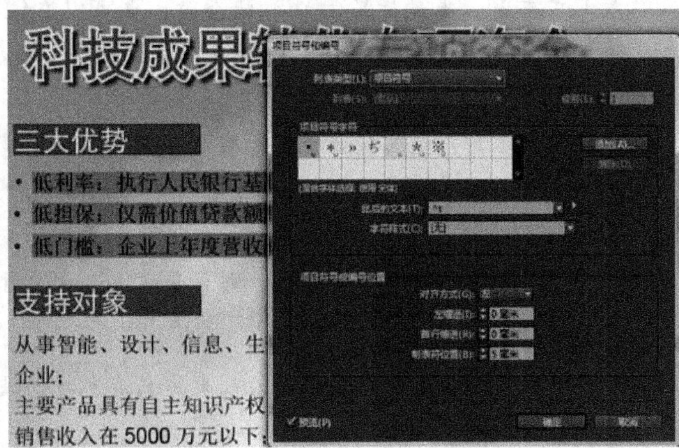

图 3-25　项目符号和编号

(11) 选择吸管工具，吸取设置好的项目符号的文字属性，并应用到其他文字信息，如图 3-26 所示。

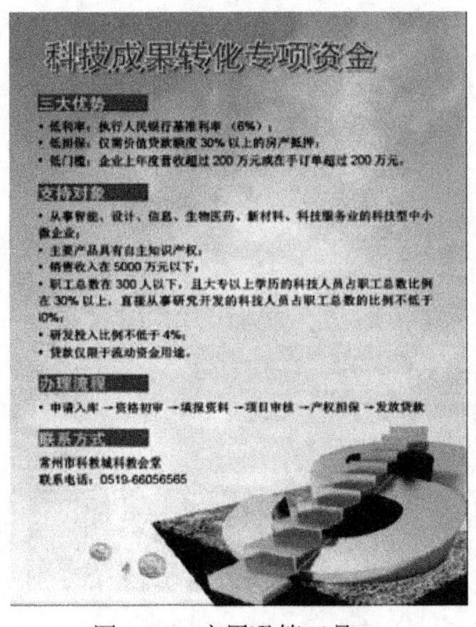

图 3-26　应用吸管工具(2)

★ 提示：

置入文本

置入文本时，当鼠标显示为▤状态时，也可以左键单击页面完成操作。注意不要用加载着文字的光标直接单击背景图或有色块的地方，因为这样容易将文字置入其中，影响编辑。

在置入文本时，置入对话框下方有四个选项，分别是“显示导入选项”、“创建静态题注”、“替换所选项目”、“应用网格格式”， 其中“替换所选项目”、“应用网格格式” 默认处于勾选状态。若“应用网格格式”被勾选，则置入的文本会带有网格，不宜于页面编辑操作；若“替换所选项目”被勾选，则页面中被选择的对象将会被置入的对象所替换。

段落线颜色

在设置段落线颜色时，颜色下拉列表中只有色板的默认颜色，若想选择其他颜色则需要在色板面板中设置好。

(12) 选择文字工具，在页面内拖曳两个文本框，分别输入“促进科技和金融结合”、“加速科技成果产业化”， 设置字体为方正黑体_GBK，字号为 33 点，填充颜色为(100，90，10，0)，描边颜色为纸色；再分别选中“科技”、“金融”、“产业化”，设置字号为 43 点，填充颜色为(15，100，100，0)。设置效果如图 3-27 所示。

图 3-27　输入并编辑文字

3.3　花卉单页设计

本节讲解花卉宣传单页的设计制作，通过文字置入、图像置入、复合字体、段落样式、字符样式、对像样式等操作，并通过文本绕排设置，来完成如图 3-28 所示的花卉单页的制作。

图 3-28　花卉单页

花卉单页的制作步骤如下：

(1) 启动 InDesign CC，选择文件→打开，打开“郁金香样式练习.indd”，如图 3-29 所示。

图 3-29　打开文件

(2) 单击文件→置入，选择“郁金香介绍.txt”(不要勾选“显示导入选项”、“换所选项目”和“应用网格格式”)，单击打开。鼠标显示为状态，拖动鼠标将文字信息置入到当前页面，按住 Shift 键同时选中文本框和左侧郁金香图像，选择窗口→对象和版面→对齐，打开对齐面板，点击顶对齐，如图 3-30 所示。

图 3-30　置入文字并对齐

(3) 单击文字→复合字体，打开复合字体编辑器对话框，点击“新建”按钮，在“复合字体”文本框中选择方正黑体 GBK + Minion Pro。在下面的设置中，将“汉字”设置为方正黑体_GBK，“标点”、“符号”字体设置为方正书宋简体，“罗马字”和“数字”字体设置为 Minion Pro，单击“全角字框”按钮，设置“罗马字”和“数字”的基线为 –1%，点击“确定”按钮建立复合字体，如图 3-31 所示。

图 3-31　创建复合字体

(4) 选择文字→标点挤压设置→基本，单击“新建”按钮，在弹出的新建标点挤压集对话框中将“名称”设置为“段首空两格”，“基于设置”设置为“简体中文默认值”，单击“确定”按钮，设置“段落首行缩进”为 2 个字符，单击“存储”按钮，再单击“确定”按钮，完成标点挤压设置。

(5) 选择窗口→样式→段落样式，打开段落样式面板，点击右上角的下三角按钮，在弹出的菜单中选择“新建段落样式”，打开新建段落样式对话框，在左侧的列表框中点击“基本字符格式”，然后在右边的“样式名称”中输入“介绍”，设置“字体系列”为方正黑体 GBK + Minion Pro，字体大小为 10.5 点，行距为 15 点，字符间距为 200 点，如图 3-32 所示。在左侧的列表中点击“字符颜色”，设置字符颜色为(87，0，100，60)，如图 3-33 所示；在左侧的列表中点击“日文排版设置”，设置“标点挤压”为“段首空两格”，如图 3-34 所示。最后，单击“确定”按钮完成新建段落样式“介绍”。

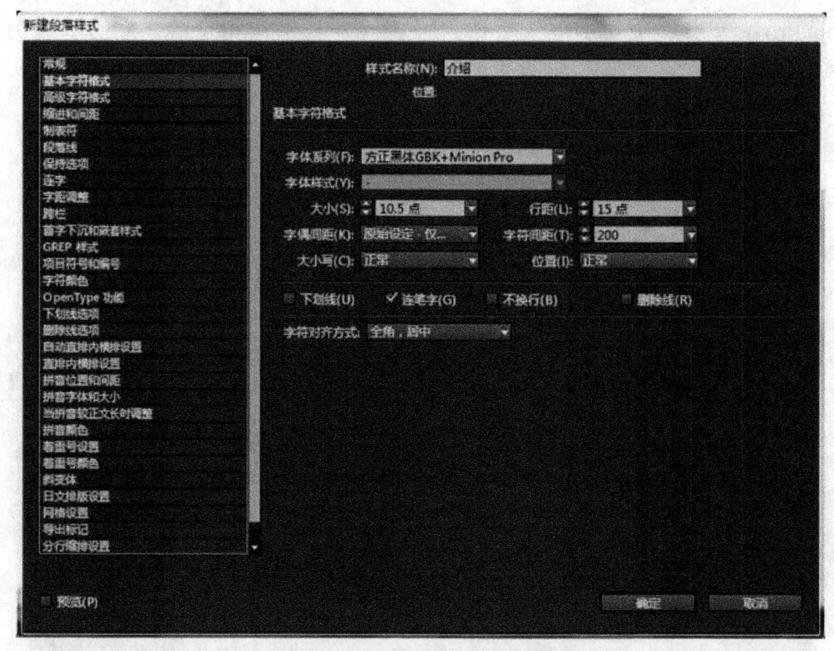

图 3-32　设置基本字符格式

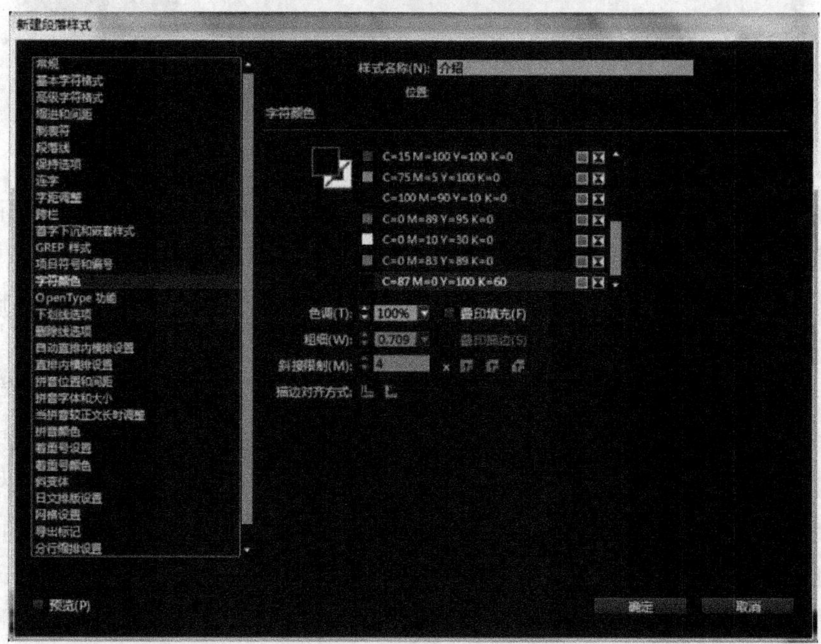

图 3-33　设置字符颜色

图 3-34　设置日文排版设置

(6) 选中文本框，单击段落样式面板的“介绍”样式，完成段落样式的应用，如图 3-35 所示。

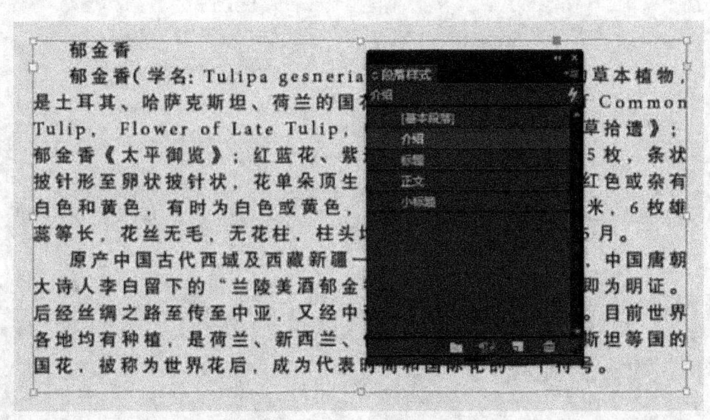

图 3-35　应用段落样式

(7) 按第(5)步方法建立“标题”段落样式。首先，在新建段落样式对话框中设置字体为方正黑体 GBK，字体大小为 36 点，缩进和间距设置段后距为 3 mm，字符颜色为(0，83，

89，0)。然后，将光标放置在标题“郁金香”处，单击“标题”样式，完成段落样式的应用，如图 3-36 所示。

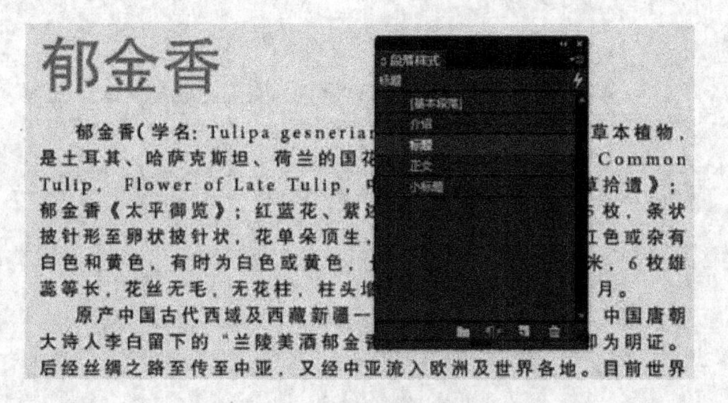

图 3-36　应用段落样式

(8) 单击窗口→样式→字符样式，打开字符样式面板，点击右上角的下三角按钮，在弹出的菜单中选择“新建字符样式”，在样式名称中输入“红色斜体”。在左侧的列表中，点击“常规”，在“基于”选项选择“字符样式 1”，如图 3-37 所示；点击左侧列表中的“高级字符格式”，选择倾斜为 10°，如图 3-38 所示；点击左侧列表中的“字符颜色”，设置字符颜色为(0，83，89，0)，如图 3-39 所示。最后，单击“确定”按钮，完成新建字符样式“红色斜体”。

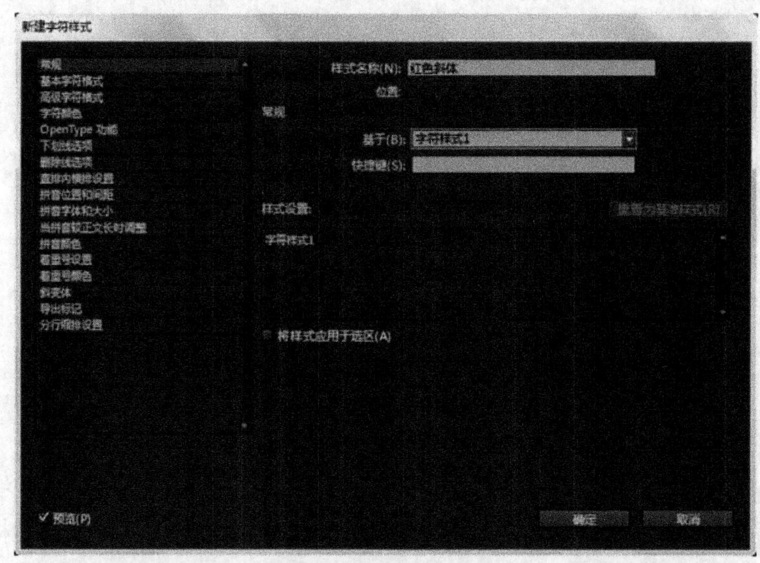

图 3-37　设置“常规”

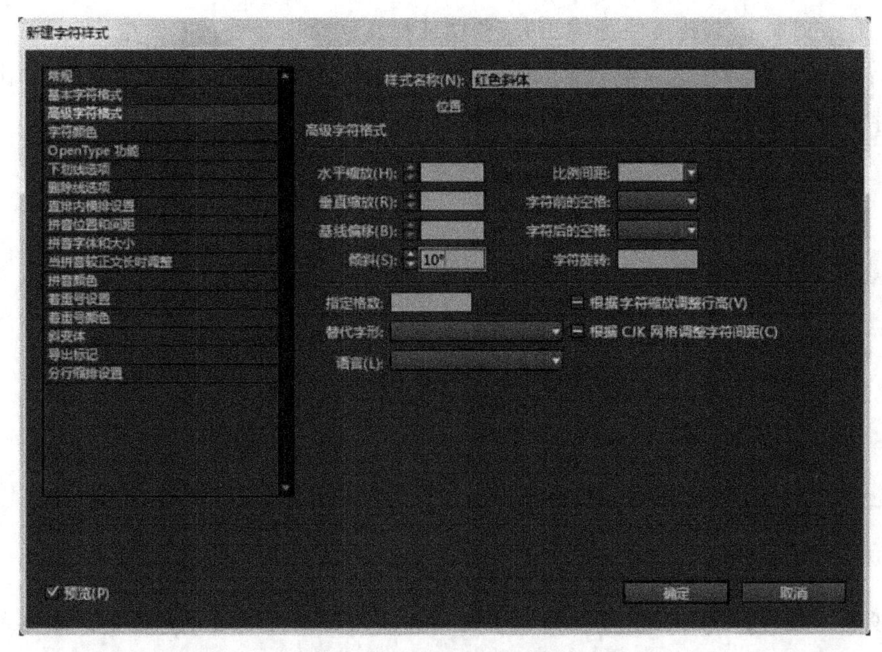

图 3-38　设置高级字符格式

图 3-39　设置字符颜色

(9) 选择文本工具(或按快捷键 T)，分别选择文字“郁金香《本草拾遗》；郁金香《太平御览》；红蓝花、紫述香《纲目》”和“兰陵美酒郁金香，玉碗盛来琥珀光”，单击“红色斜体”字符样式，完成字符样式的应用，如图 3-40 所示。

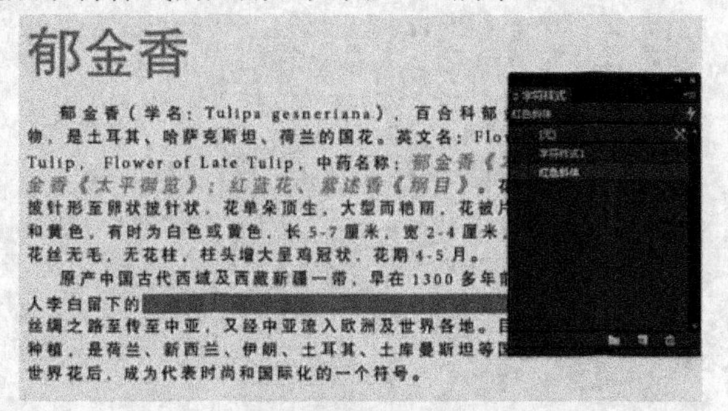

图 3-40　应用字符样式

★ **提示：**

在设置样式时，通常会设置幅面较多的内容，比如正文。通常先新建正文样式并应用样式后，再设置各级标题并应用标题样式，最后再针对字符进行样式的设置和应用，这样做，可以提高排版效率，节省时间。

一旦将对像应用了样式，则对样式的任何操作都将影响到所有应用了该样式的对象。

如果对已应用样式的段落格式或字符属性进行修改，则段落样式或字符样式中会出现“+”，表示在段落样式中应用了优先选项。若要清除优先选项，只需按住 Alt 键单击样式名称或在样式面板右上角的下拉菜单中的“清除优先选项”即可，如图 3-41 所示。

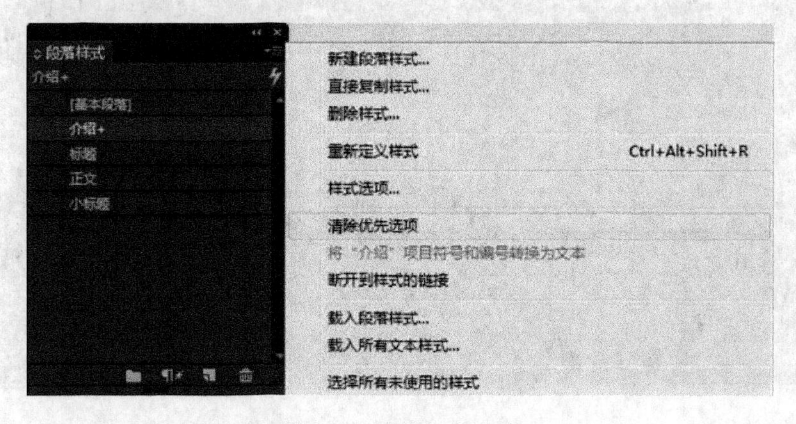

图 3-41　清除优先选项

(10) 选择文字工具(快捷键 T)，拖曳得到一个文本框，保持文本框为选中状态，点击窗口→对象和版面→变换，弹出变换面板，宽(W)和高(H)分别输入 74 mm 和 67 mm，如图 3-42 所示。按住 Shift 键将文本框和上方郁金香图像同时选中，点击窗口→对象和版面→对齐，弹出对齐面板，点击“左对齐”，将文本框与图像左侧对齐，如图 3-43 所示。

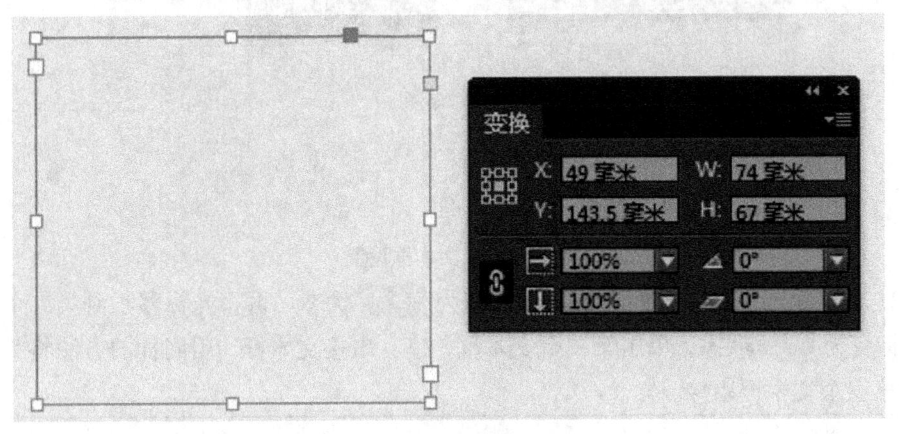

图 3-42　绘制文本框并调节大小

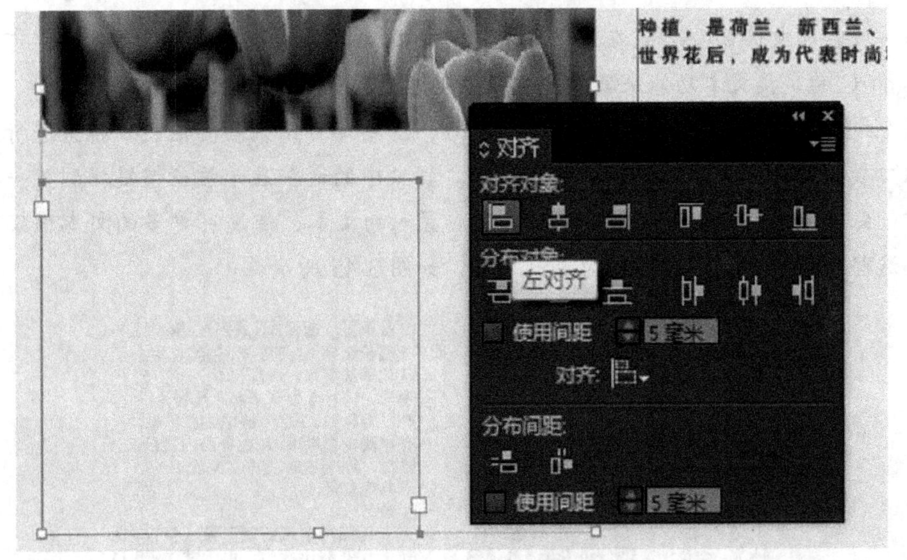

图 3-43　文本框左对齐

(11) 选中文本框，按住 Alt 键拖曳复制出另外两个文本框，按住 Shift 键将三个文本框同时选中，在对齐面板中选择“水平居中分布”，如图 3-44 所示。

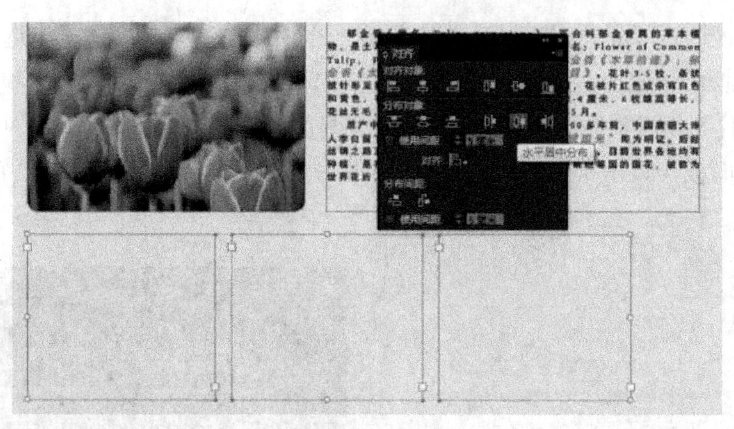

图 3-44　文本框设置

(12) 单击第一个文本框的出口，光标变为 状态，再将光标移动到第二个文本框上，光标变为 状态，单击第二个文本框，建立串接文本框。用同样的方法将第二个文本框和第三个文本框串接。

★ 提示：

当一段较长文字需要放置在多个文本框内，并需要保持它们的先后关系时，可以使用InDesign CC 的串接文本功能来实现。在框架之间连接文本的过程称为串接文本。

每个文本框架都包含一个入口和一个出口，这些端口用来与其他文本框架进行连接。空的入口或出口分别表示文章的开头或结尾。端口中的箭头表示该框架链接到另一框架。出口中的红色加号(+)表示该文章中有更多要置入的文本，但没有更多的文本框架可放置文本。这些剩余的不可见文本称为溢流文本，如图 3-45 所示。

A
多年生草本。鳞茎卵形，直径约
2cm，外层皮纸质，内面顶端和基
部有少数伏毛。
叶出，3～5片，长椭圆状披针形
或卵状披针形，长10～21厘米，
宽1～6.5厘米；基生者2～3枚，
较宽大，茎生者1～2枚。花茎
高6～10厘米，花单生茎顶，大
形直立，杯状，基部常黑紫色。
花葶长35～55厘米；花单生，
直立，长5～7.5厘米；花瓣6片
B

C
具黄色条纹和斑点；雄蕊6，离生，
花药长0.7～1.3厘米，基部着生，
花丝基部宽阔；雌蕊长1.7～2.5
厘米，花柱3裂至基部，反卷。
花型有杯型、碗型、卵型、球型等，
有单瓣也有重瓣。花色有白、粉红、
洋红、紫、褐、黄、橙等，深浅不一，
单色或复色。
生长习性
郁金香原产中国新疆西藏、伊朗
和土耳其高山地带。由于地中海
D

A—文本框架入口；B—串接至下一个框架的出口；C—串接自上一个框架的入口；D—溢流文本出口

图 3-45　串接文本框架

自动文本串接

在置入文本时，按住 Shift 键，光标变为 时，单击页面，则文字全自动排入页面内，页面不足的将自动创建新页面。

在置入文本时，按住 Alt 键，光标变为 时，单击页面，则只排入当前页面内，若文字没有排完，则继续单击排入下一页面。

手动文本串接

(1) 向串接中添加新文本框：用选择工具选择一个文本框，然后单击出口或入口，光标变为 状态，拖曳绘制出另外一个文本框。

(2) 使两个文本框串接在一起：用选择工具选择一个文本框，然后单击入口或出口，将光标移到需要串接的文本框上，光标变为 ，单击该文本框，使两个文本框串接在一起。

(3) 断开两个文本框的串接：双击前一个文本框的出口或后一个文本框的入口，两个文本框会断开串接，后一个文本框的内容会被抽出作为前一个文本框的溢流文本。

(13) 单击窗口→样式→对象样式，打开对象样式面板，点击右上角的下三角按钮，在弹出的下拉菜单中选择“新建对象样式”，在样式名称中输入“投影”。在基本属性中，设置填色为纸色(0，10，30，0)，“文本框架常规选项”中内边距的上、下、左、右设置为 1 mm；在效果选项中选择投影，混合模式为正片叠底(87，0，100，60)，不透明度为 30%，距离为 1.5 mm，大小为 3 mm，点击“确定”按钮，新建投影对像样式，如图 3-46、图 3-47 和图 3-48 所示。

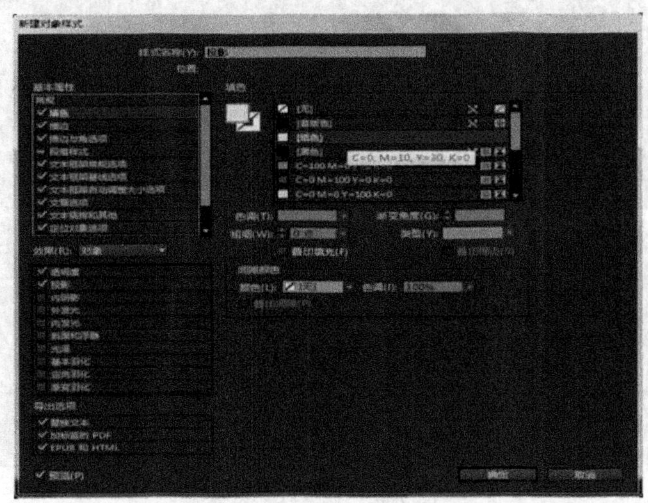

图 3-46　新建投影对象样式

图 3-47　设置内边距

图 3-48　设置投影效果

(14) 按住 Shift 键同时选中三个文本框，单击投影对像样式，完成对像样式的应用，如图 3-49 所示。

图 3-49　应用投影对象样式

(15) 单击文件→置入，选择“郁金香特征.txt”(不要勾选“显示导入选项”、“换所选项目”和“应用网格格式”)，单击打开。鼠标显示为 状态，单击左侧第一个文本框，将文字置入到串接好的文本框架内，如图 3-50 所示。

图 3-50　置入文本

(16) 根据第(5)步方法，分别创建“正文”段落样式和“小标题”段落样式。

打开段落样式面板，点击右上角的下三角按钮，在弹出的菜单中选择“新建段落样式”，在样式名称中输入“正文”。单击“基本字符格式”选项，字体系列选择方正书宋简，设置大小为 9 点，行距为 13 点。单击“字符颜色”选项，设置字符颜色为(0，83，89，0)；单击“日文排版规则”选项，标点挤压设置为段首空两格；单击“确定”按钮，完成正文段落样式。

打开段落样式面板，点击右上角的下三角按钮，在弹出的菜单中选择“新建段落样式”，在样式名称中输入“小标题”。单击“基本字符格式”，字体系列选择方正黑体 GBK，设置大小为 11 点，行距为 12 点。单击“缩进和间距”，设置段后距为 1 mm；单击“字符颜色”，设置字符颜色为(87，0，100，60)；单击“确定”按钮，完成小标题段落样式。

(17) 将光标放在文本框内，按住 Ctrl + A 键全选文字，单击“正文”段落样式，完成正文段落样式的应用。用文字工具分别选中“形态特征”、“生长习性”、“品种分类”并单击“小标题”段落样式，完成小标题段落样式的应用，如图 3-51 所示。

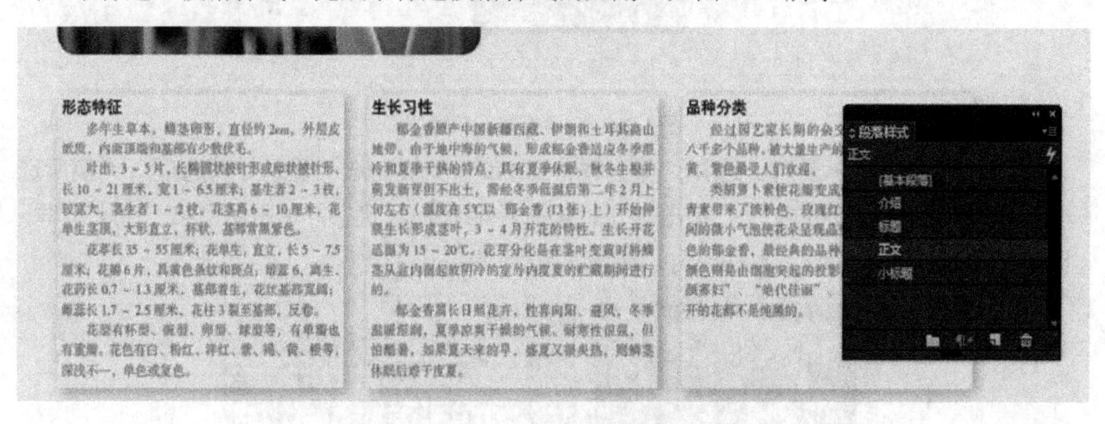

图 3-51　应用段落样式

(18) 选中椭圆工具(快捷键 L)，按住 Shift 键绘制正圆形，填充和描边为“无”，选中圆形，单击窗口→对象和版面→变换，在变换面板设置“W 和 H”均为 45.5 mm，点击窗口→文本绕排，设置“沿对像形状绕排”上位移为 1 mm，点击文件→置入，选择“郁金香02.jpg”，将图像置入到圆内，如图 3-52 所示。

(19) 选择矩形工具绘制矩形，在变换面板内设置“W”为 261 mm、“H”为 3.4 mm，填充颜色为(87，0，100，60)，选中矩形，单击对象→角选项，设置转角大小为 5 mm，形状为圆角，如图 3-53 所示。

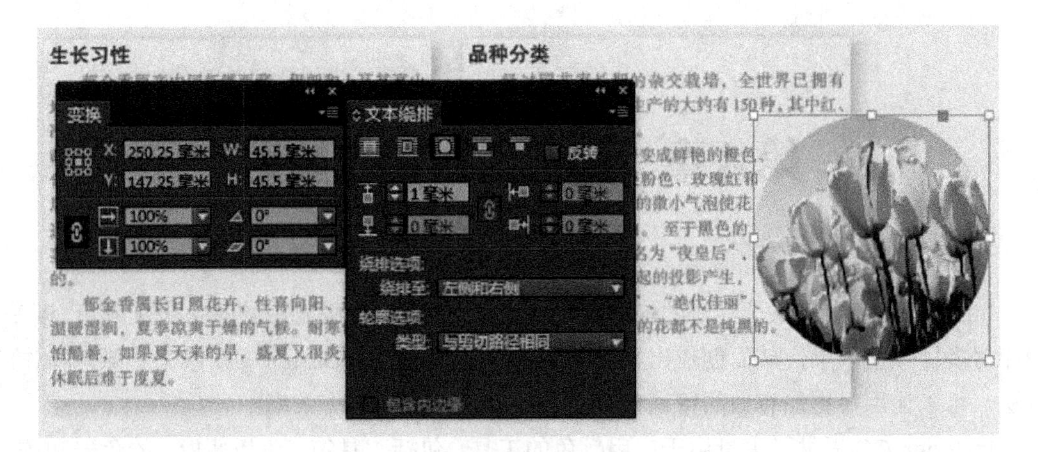

图 3-52　文本绕排

图 3-53　绘制圆角矩形

第 4 章　颜色的设置与应用

InDesign CC 中提供了丰富的描边和填充设置，能够对出版物中的对象定义颜色、渐变、淡印等多种颜色效果，从而创作出精美的页面。本章讲解 InDesign CC 中关于颜色操作的方法，可以让用户更加有效的管理各种类型的颜色，提高工作效率。

InDesign CC 提供了大量用于应用颜色的工具，包括工具箱、色板面板、拾色器和控制面板等。应用颜色时，可以指定将颜色应用于对象的描边还是填色，描边适用于对象边框或框架，填色适用于对象的背景。将颜色应用于文本框架时，可以指定颜色变化影响文本框还是框架内的文本。

4.1 认识色板

通过色板可以创建和命名颜色、渐变或色调，并将它们快速应用于文档。色板应用和样式操作类似，对色板的任何更改将影响到所有应用了该色板的对象，故使用色板无需定位和调节单独对象，从而使修改颜色方案更加容易。色板面板如图 4-1 所示。

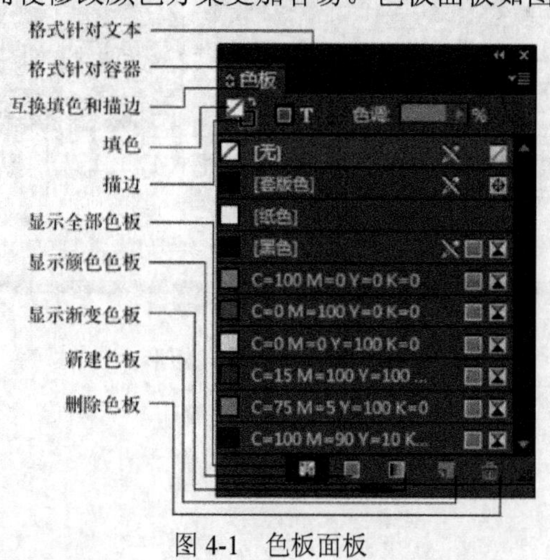

图 4-1　色板面板

1. 色板面板存储的色板类型

1) 颜色

色板上的图标标识了专色 和印刷色 两种颜色类型，以及 LAB 、RGB 、CMYK 和混合油墨这四种颜色模式。

专色油墨是一种预先由印刷厂混合好的或油墨厂生产的特定颜色的油墨，可以使颜色更准确，如荧光黄、珍珠蓝、金属色油墨等。

印刷色是由不同的 C、M、Y、K 百分比组成的颜色，C、M、Y、K 就是通常采用的印刷四原色。在印刷原色时，这四种颜色都有自己的色版，在色版上记录了这种颜色的网点，这些网点是由半色调网屏生成的，把四种色版合到一起就形成了所定义的原色。调整色版上网点的大小和间距就能形成其他的原色。实际上，在纸张上面的四种印刷颜色是分开的，只是相很近，由于我们眼睛的分辨能力有一定的限制，所以分辨不出来。我们得到的视觉印象就是各种颜色的混合效果，于是产生了各种不同的颜色。

C、M、Y 几乎可以合成所有颜色，但还需黑色，因为在印刷时需更纯的黑色，而通过 C、M、Y 产生的黑色是不纯的，且若用 C、M、Y 来产生黑色会出现局部油墨过多问题。

2) 色调

色板面板中显示在色板旁边的百分比值，用以指示专色或印刷色的色调。色调是经过加网而变得较浅的一种颜色。色调是为专色带来不同颜色深浅变化的较经济的方法，不必支付额外专色油墨的费用。色调也是创建较浅印刷色的快速方法，尽管它并未减少四色印刷的成本。与普通颜色一样，最好在色板面板中命名和存储色调，以便在文档中进行编辑应用该色调的所有实例。

3) 渐变

色板面板上的渐变图标，用于指示渐变是径向 还是线性 。

4) 无

“无”色板可以移去对象中的描边或填色。不能编辑或移去此色板。

5) 纸色

纸色是一种内建色板，用于模拟印刷纸张的颜色。纸色对象后面的对象不会印刷纸色对象与其重叠的部分，相反，将显示所印刷纸张的颜色，可以通过双击色板面板中的“纸色”对其进行编辑，使其与纸张类型相匹配。纸色仅用于预览，它不会在复合打印机上打印，也不会通过分色来印刷。不能移动此色板。不能应用“纸色”色板来清除对象中的颜色，而应使用“无”色板来清除。

6) 黑色

黑色是内建色板，它被定义为100%印刷黑色(0，0，0，100)。不能编辑或移去此色板。在默认情况下，所有黑色实例都将在下层油墨(包括任意大小的文本字符)上叠印(打印在最上面)。

7) 套版色

套版色是使对象可在PostScript打印机的每个分色中进行打印的内建色板。例如，套准标记使用套版色，以便不同的印版在印刷机上精准对齐。不能编辑或移去此色板。

2. 改变色板的显示方式

当色板面板中的色板设置得过多时，用户可以通过改变色板的显示方式来快速查找所需要的色板。单击色板面板右上角的下三角按钮，在弹出的菜单中选择“名称”、“小字号名称”、“小色板”、“大色板”命令，可以设置色板面板按照不同方式进行显示，如图4-2、图4-3和图4-4所示。

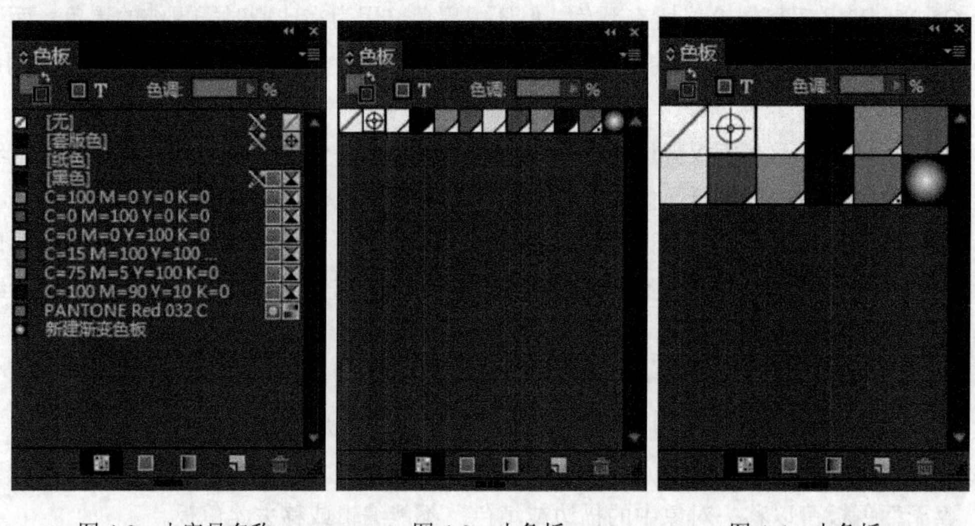

图4-2 小字号名称　　图4-3 小色板　　图4-4 大色板

4.2 色板应用案例

本节通过宣传单页设计案例，学习InDesign CC中色板的创建及应用方法。通过对容器、文字的填充与描边，对象透明度及混合模式编辑，色调编辑等操作完成本单页的设计制作。

宣传单页制作步骤如下：

(1) 启动 InDesign CC，选择文件→新建→文档，设置页数为 1，宽度为 210 mm，高度为 285 mm，上、下、左、右出血为 3 mm，不勾选“对页”，点击“边距和分栏”，设置上、下、左、右边距为 0，如图 4-5 和图 4-6 所示，点击“确定”按钮新建空白文档。

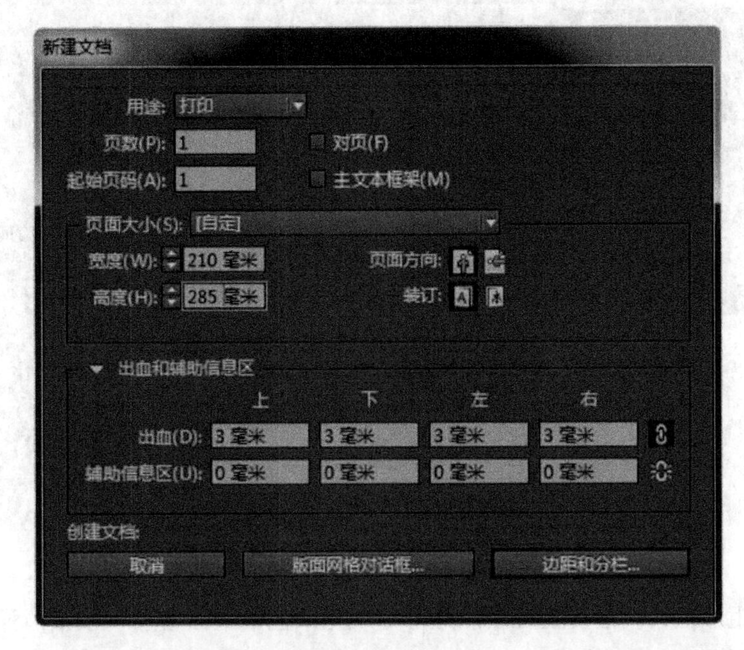

图 4-5　新建文档

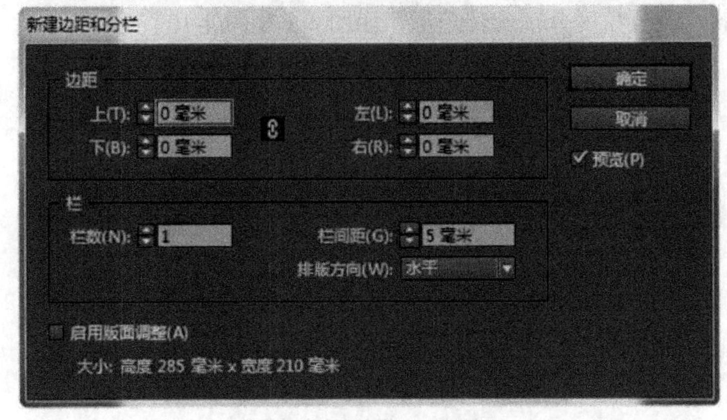

图 4-6　新建边距和分栏

(2) 选择矩形工具拖曳绘制背景矩形，单击窗口→颜色→色板，打开色板面板，单击色板面板右上角的下三角形按钮，选择“新建颜色色板”，设置颜色为(50，0，90，0)，如图 4-7 所示。

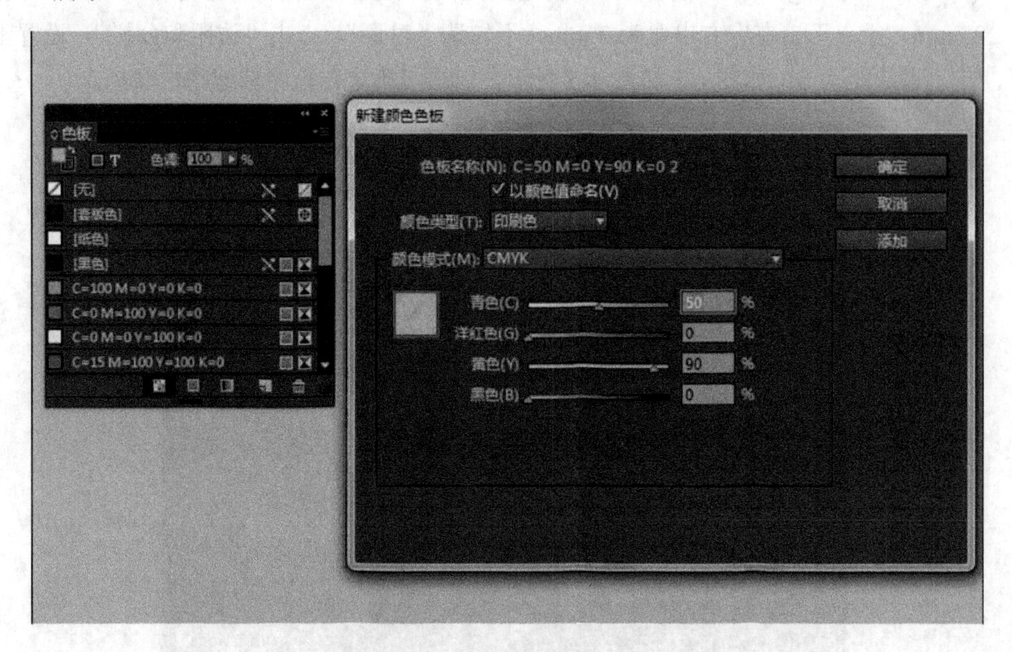

图 4-7　新建颜色色板

(3) 选择矩形工具，拖曳鼠标绘制矩形，填充纸色，单击窗口→效果，弹出效果面板，将不透明度设置为 30%，如图 4-8 所示。按住 Alt 键拖曳并复制矩形，选中矩形，单击对象→变换→旋转，设置角度分别旋转矩形，如图 4-9 和图 4-10 所示。

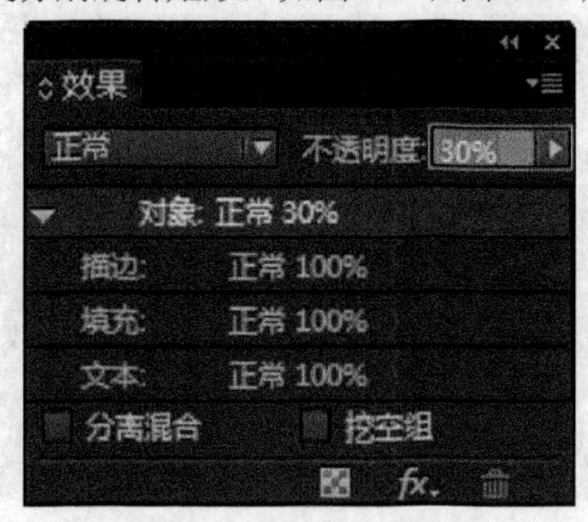

图 4-8　设置不透明度

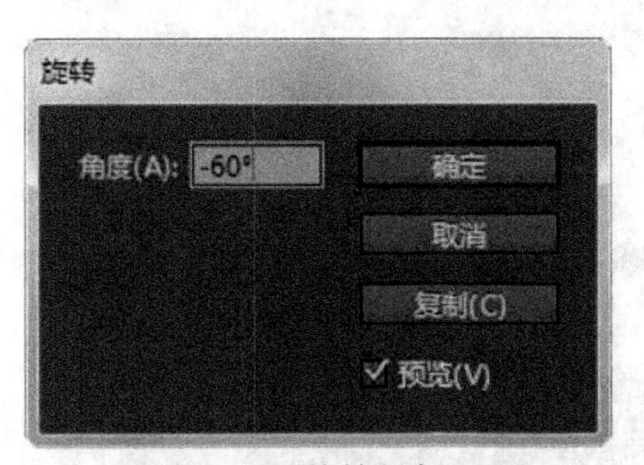

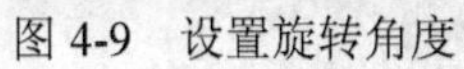

图 4-9　设置旋转角度

图 4-10　旋转后效果

(4) 单击文件→置入，选择“轮廓线.ai”，拖曳鼠标将其置入到页面内，单击窗口→效果，将该对象混合模式改为“叠加”，如图 4-11 所示。

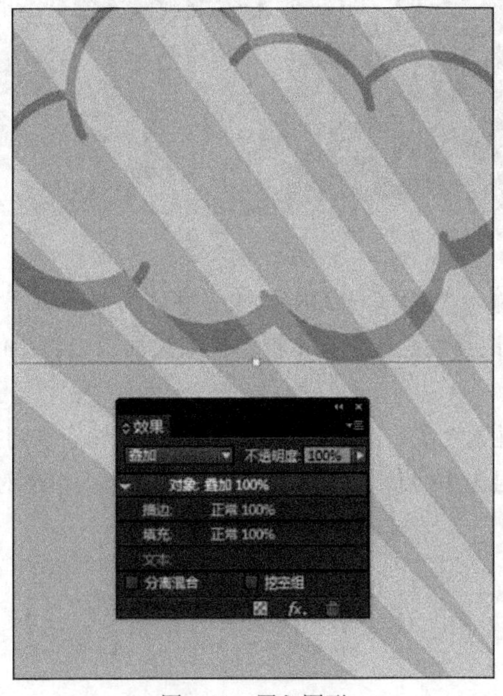

图 4-11　置入图形

(5) 选择文字工具，拖曳绘制文本框，输入“我要的色彩”，设置字体为华文琥珀，字号为 50 点，单击色板面板右上角的下三角按钮新建色板(20，35，0，0)并填充该颜色，设置描边为纸色，描边粗细为 5 点，如图 4-12 所示。

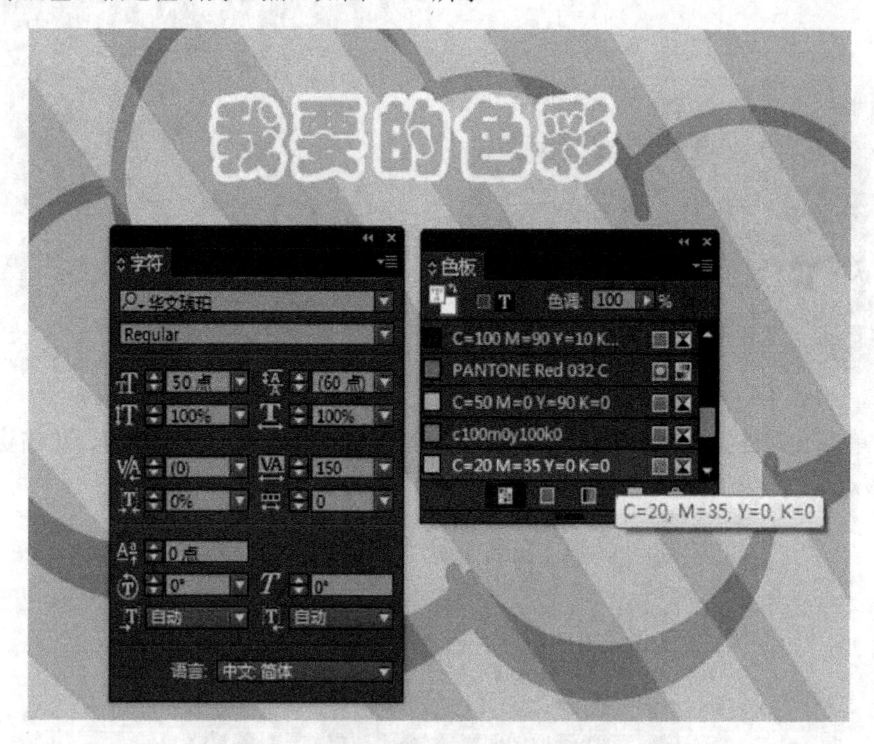

图 4-12　输入文字

拖曳绘制文本框，输入“MY COLOR”，设置字体为 Impact，字号为 60 点，新建色板(75，0，100，0)并填充该颜色。选中文本框，在效果面板中将图像模式改为“叠加”，如图 4-13 所示。

拖曳绘制文本框，输入“常州日报社印刷厂数码中心和您共同描绘您想要的色彩”，设置字体为华文琥珀，字号为 17 点，填充纸色。选中文本框，单击对象→效果→投影，如图 4-14 所示。

我要的色彩
MY COLOR

字符
Impact
Regular
60 点　(72 点)
100%　100%
原始设定　0
0%　0
0 点
0°　0°
自动　自动
语言：中文：简体

色板
色调：　%
C=0 M=0 Y=100 K=0
C=15 M=100 Y=100 ...
C=75 M=0 Y=100 K=0
C=75, M=0, Y=100, K=0

效果
叠加　不透明度：100%
对象：叠加 100%
描边：　正常 100%
填充：　正常 100%
文本：　正常 100%
分离混合　挖空组

图 4-13　输入文字

易商务数码中心
和您共同描绘你想要的色彩

效果
设置(E)：对象
投影
透明度
投影
内阴影
外发光
内发光
斜面和浮雕
光泽
基本羽化
定向羽化
渐变羽化
对象：正常 100%；投影
描边：正常 100%；（无效果）
填充：正常 100%；（无效果）
文本：正常 100%；（无效果）
混合
模式(M)：正片叠底　不透明度(O)：75%
位置
距离(D)：1 毫米　X 位移(X)：0.707 毫米
角度(A)：135°　Y 位移(Y)：0.707 毫米
使用全局光(G)
选项
大小(Z)：0.5 毫米　对象挖空阴影(K)
扩展(S)：0%　阴影接受其他效果(H)
杂色(N)：0%
预览(P)　确定　取消

图 4-14　输入文字

(6) 单击文件→置入，选择“产品信息.txt”，单击“打开”按钮，拖曳鼠标置入文本。将光标插入到文本框内，按 Ctrl + A 键全选文字内容，设置字体为方正仿宋简体，字号为 15 点，行距为 18 点，新建颜色色板(80，39，0，0)并填充该颜色，设置文字描边为纸色，描边粗细为 0.5 点，如图 4-15 所示。

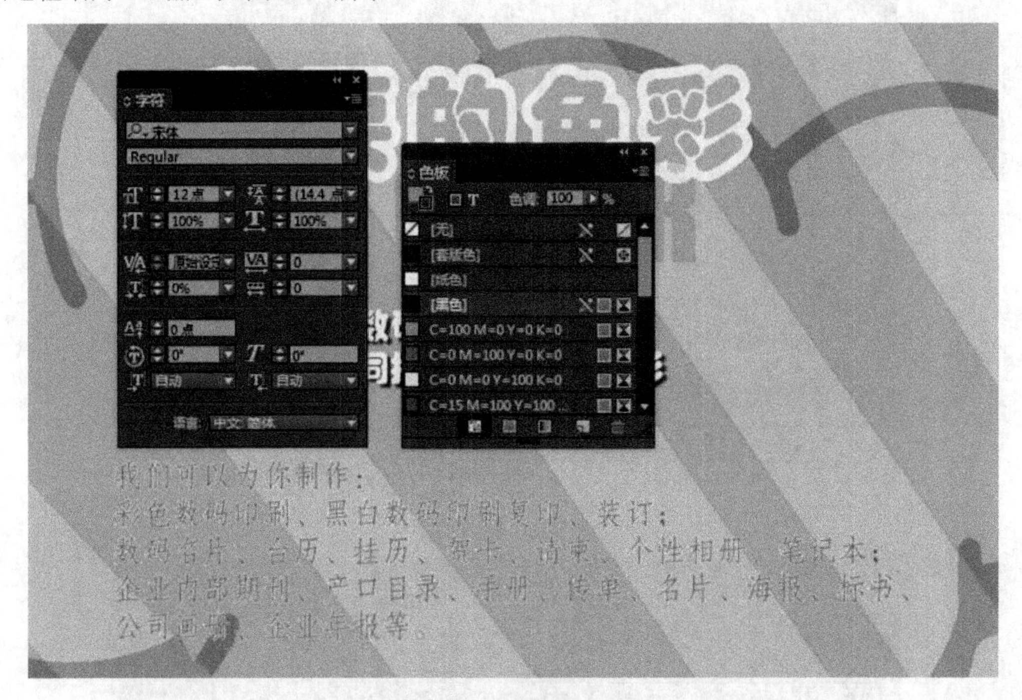

图 4-15　文本编辑与填色

(7) 单击文件→置入，选择“填充图形.ai”，拖曳置入图形。单击文件→置入，选择“联系方式.txt”，拖曳置入文本。将光标插入到文本框内，按 Ctrl + A 键全选文字内容，设置字体为方正仿宋简体，字号为 12 点，行距为 16 点，填充颜色为(80，39，0，0)，如图 4-16 所示。

(8) 选中矩形工具拖曳绘制矩形，填色为“应用无”，描边粗细为 25 点，颜色为(0，100，0，0)。单击对象→角选项，弹出角选项对话框，设置转角大小为 5 mm，转角形状为圆角，如图 4-17 所示。

图 4-16　置入图形和文字

图 4-17　绘制圆角矩形轮廓

(9) 按住 Alt 键拖曳并复制图形，经过旋转、缩放等操作得到另外几个图形，将描边颜色分别设置为(100，0，0，0)、(0，15，50，0)、(51，100，0，0)，如图 4-18 所示。

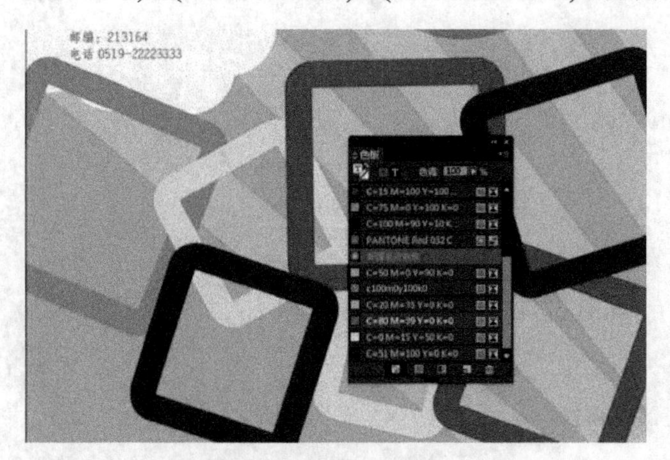

图 4-18　复制图形

(10) 单击文件→置入，将素材文件分别置入到圆角矩形内。最终的制作效果如图 4-19 所示。

图 4-19　最终效果

4.3 认识颜色和渐变

1. 颜色面板介绍

通过点击窗口→颜色→颜色面板，打开颜色面板，如图 4-20 所示。将光标放在颜色条上，光标变为吸管时单击鼠标左键，则吸取的颜色会在 CMYK 色值上显示；也可以通过在 CMYK 的数值框中输入颜色值来调整颜色。单击颜色面板右侧下三角按钮，选择“添加到色板”来完成存储颜色的操作。颜色面板可以设置 CMYK、RGB 和 LAB 模式的颜色。

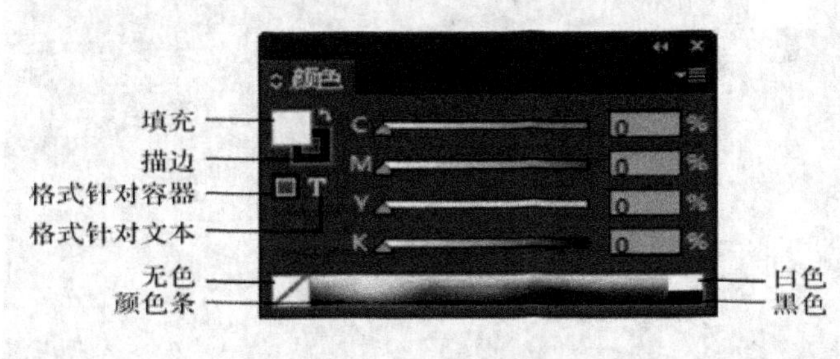

图 4-20　颜色面板

2. 渐变面板介绍

渐变是两种或多种颜色之间、同一种颜色的两个色调之间的逐渐混合。渐变可以包括纸色、印刷色、专色或使用任何颜色模式的混合油墨颜色。渐变是通过渐变条中的一系列色标定义的。色标是指渐变中的一个点，渐变在该点从一种颜色变为另一种颜色；色标由渐变条下的彩色方块标识。默认情况下，渐变以两种颜色开始，中点在 50%。

当使用不同模式的颜色创建渐变，然后对渐变进行打印或分色时，所有颜色都将转换为 CMYK 印刷色。由于颜色模式的更改，颜色可能会发生变化。要获得最佳效果，需使用 CMYK 颜色指定渐变。通过点击窗口→颜色→渐变，打开渐变面板，如图 4-21 所示。

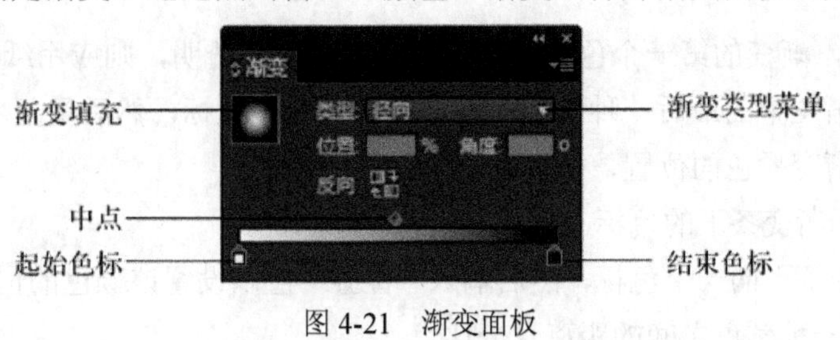

图 4-21　渐变面板

3. 创建渐变色板

可以使用色板面板来创建、命名和编辑渐变。点击窗口→颜色→色板，打开色板面板，单击色板面板右上角的下三角形按钮，选择“新建渐变色板”，弹出新建渐变色板对话框，如图 4-22 所示。

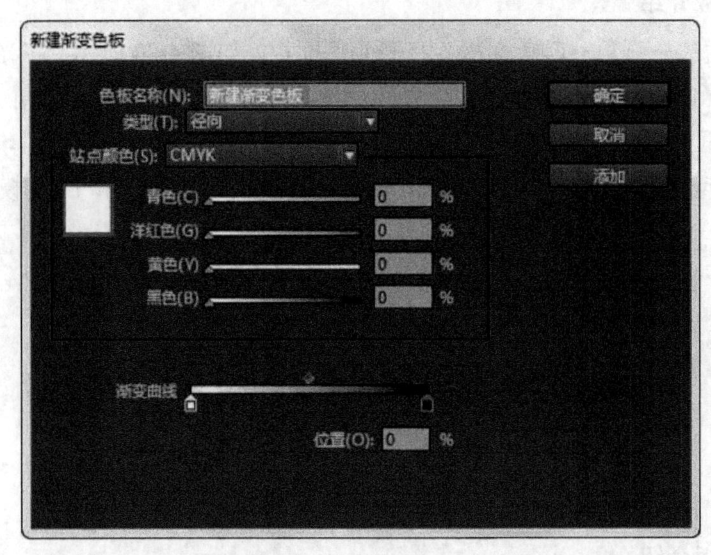

图 4-22 新建渐变色板

(1) 在“色板名称”中键入渐变的名称。

(2) 在“类型”选项中选择“线性”或“径向”。

(3) 选择渐变中的第一个色标。

(4) 对于“站点颜色”，执行以下操作之一：

① 若要选择色板面板中的已有颜色，则选择“色板”，然后从列表中选择颜色。

② 若要为渐变混合一个新的未命名颜色，则选择一种颜色模式，然后输入颜色值或拖动滑块。

默认情况下，渐变的第一个色标设置为白色。要使其透明，则应用纸色色板。

(5) 要更改渐变中的最后一种颜色，则选择最后一个色标，然后重复步骤(4)。

(6) 要调整渐变颜色的位置，执行以下操作之一：

① 拖动位于渐变条下的色标。

② 选择渐变条下的一个色标，然后输入“位置”值以设置该颜色的位置。该位置表示前一种颜色和后一种颜色之间的距离百分比。

(7) 要调整两种渐变颜色之间的中点(颜色各为 50% 的点)，执行以下操作之一：

① 拖动渐变条上的菱形图标。

② 选择渐变条上的菱形图标，然后输入一个“位置”值以设置该颜色的位置。该位置表示前一种颜色和后一种颜色之间的距离百分比。

(8) 单击“确定”或“添加”按钮，该渐变连同其名称将存储在色板面板中。

4.4 颜色和渐变应用案例

本节主要讲解奶茶单页制作，通过本案中文字、图形的编辑，学习 InDesign CC 颜色面板及渐变面板的使用。

奶茶单页(见图 4-23)制作步骤如下：

图 4-23　奶茶单页

(1) 启动 InDesign CC，选择文件→新建→文档，设置页数为 1，宽度为 210 mm，高度为 285 mm，上、下、左、右出血为 3 mm，不勾选“对页”，点击“边距和分栏”，设置上、下、左、右边距为 0，如图 4-24 和图 4-25 所示，点击“确定”按钮新建空白文档。

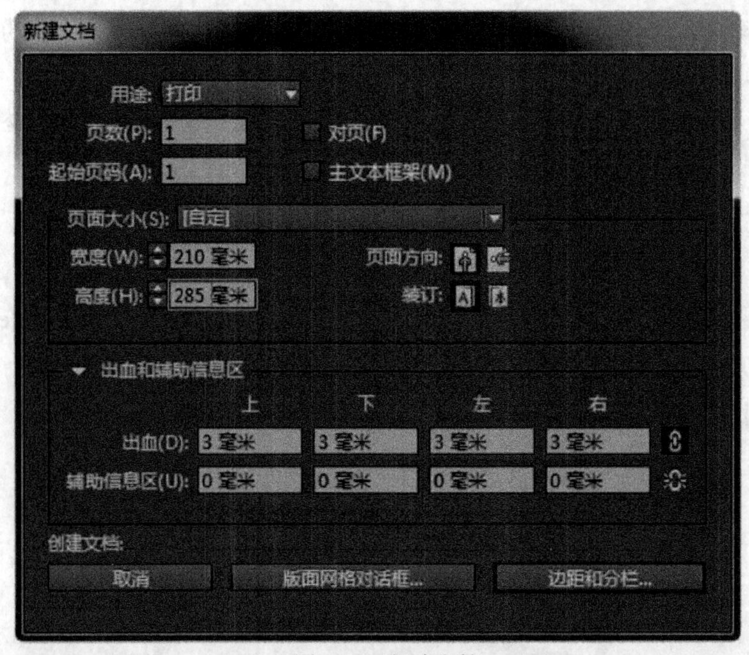

图 4-24 新建文档

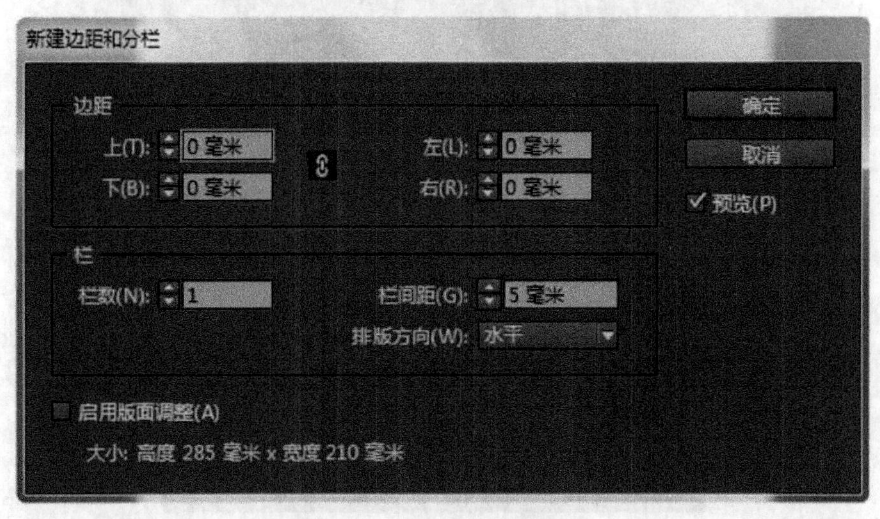

图 4-25 新建边距和分栏

(2) 选择矩形工具拖曳绘制背景矩形。打开渐变面板和颜色面板，在渐变面板中选择起始色标，设置起始色标颜色为(0，15，100，0)；在渐变面板中选择结束色标，设置结束色标颜色为(0，55，100，0)，渐变类型选择“径向”，如图 4-26、图 4-27 和图 4-28 所示。

图 4-26　绘制矩形并应用渐变

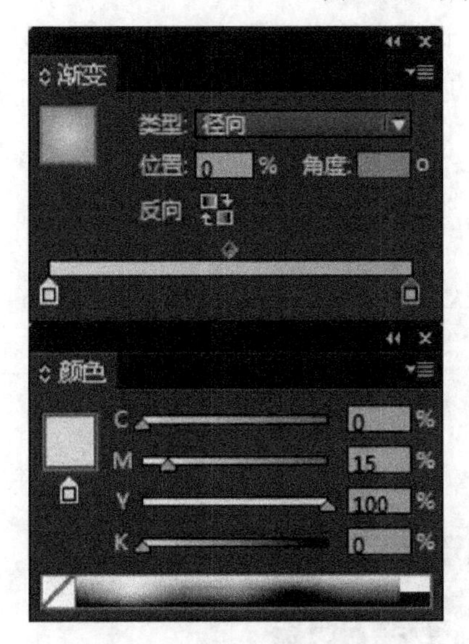

图 4-27　起始色标设置

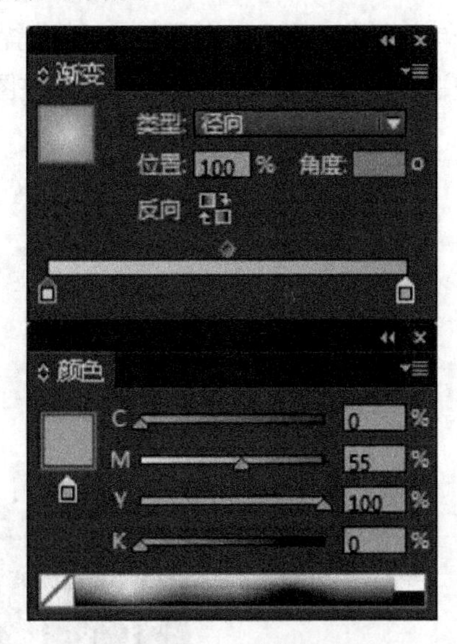

图 4-28　结束色标设置

(3) 选择矩形工具在文件底部拖曳绘制矩形，保持矩形为选中状态，打开颜色面板，设置颜色为(0，100，100，30)，如图 4-29 所示。

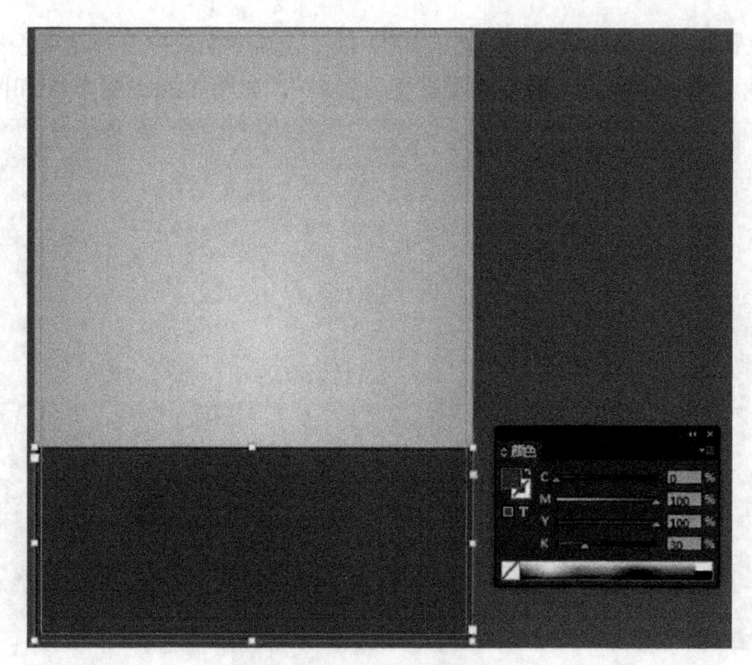

图 4-29　颜色面板应用

(4) 单击文件→置入，按住 Ctrl 键在置入对话框中同时选择“01.jpg”和“02.jpg”，单击页面空白处将图像置入到页面内，调整图像的大小及位置，如图 4-30 所示。

图 4-30　置入图像并调整大小和位置

(5) 选择“01.jpg”，单击窗口→效果，在效果面板中将图像混合模式改为“叠加”，如图 4-31 所示。选择“02.jpg”，在效果面板中将图像混合模式改为“柔光”，如图 4-32 所示。

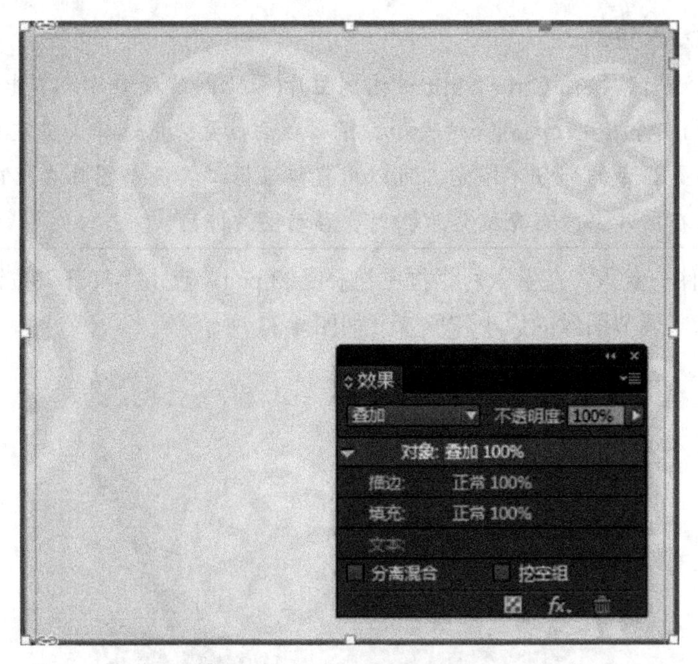

图 4-31　应用“叠加”效果

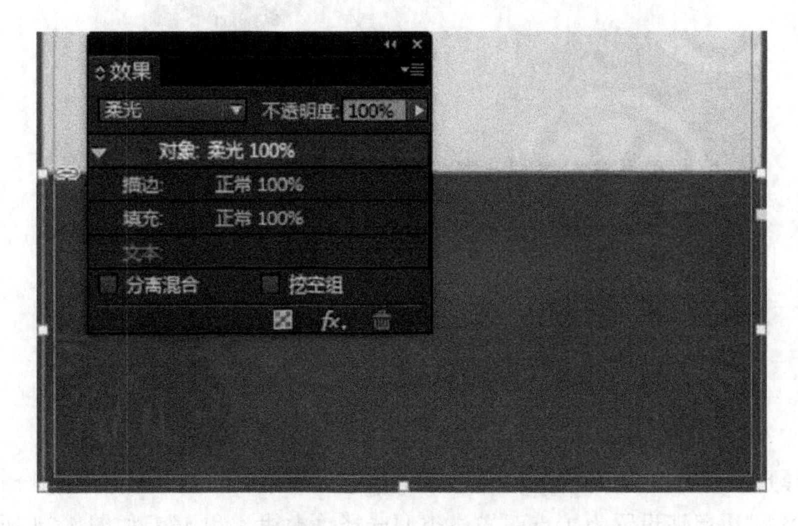

图 4-32　应用“柔光”效果

★ **提示：**

调整图片大小及位置

调整图片大小时，按住 Ctrl + Shift 键拖曳图片(等比例缩放图片，不能随意拖曳图片，容易使图片变形)，将图片放大到合适大小，根据版面位置，用选择工具拖曳角点，挡住图片的多余部分。若显示的部分不满意，可以用直接选择工具调整图片在框内的显示部分，方法是将光标放在图片上，当光标变为✋时，移动图片即可。

(6) 单击文件→置入，在置入对话框中选择“03.png，点击“打开”按钮，单击页面空白处将图像置入，调节图像的大小和位置，如图 4-33 所示。

图 4-33 置入图像

(7) 选择直线工具，在“01.jpg”和“02.jpg”边界绘制直线，单击窗口→描边，弹出描边面板，将描边粗细设置为 1 点，描边类型选择“虚线 4 和 4”，如图 4-34 所示。

图 4-34　绘制虚线

(8) 选择文字工具，在页面内拖曳文本框输入“盛大开业”，设置字体为方正超粗黑简体，字号为 100 点，选择文本框，在工具箱中单击填色按钮并选中“格式针对文本”。单击窗口→渐变，打开渐变面板，渐变类型选择“线性”，角度选择 90°，在渐变面板中选择起始色标，设置起始色标颜色为(0，0，0，0)，在渐变面板中选择结束色标，设置结束色标颜色为(0，22，100，0)，如图 4-35 所示。

图 4-35　设置渐变

(9) 单击工具箱中描边按钮，选中“格式针对文本”，设置描边粗细为 12 点，在颜色面板中设置描边颜色为(15，100，100，0)。单击窗口→对象和版面→变换，打开变换面板，旋转角度设置为 12°，如图 4-36 所示。

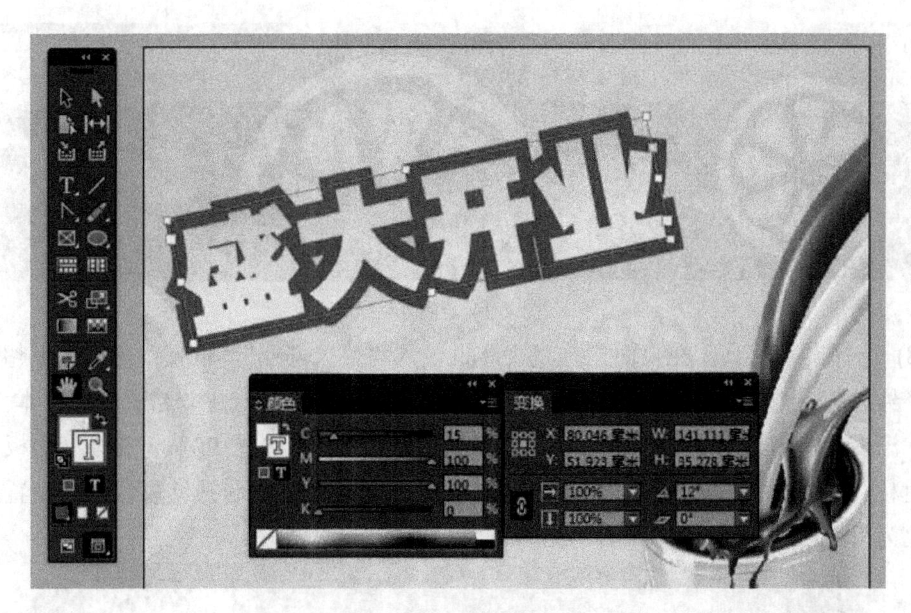

图 4-36　文字描边并变换

(10) 选择文字工具，在页面内拖曳文本框输入“5 月 20 日”， 将文字光标插入到文本框内，按 Ctrl + A 键全选文字内容，设置字体为方正大黑简体，字号为 30 点，填充颜色为(0，60，100，0)，描边颜色为纸色，如图 4-37 所示。

图 4-37　输入并编辑文字

(11) 选择文字工具拖曳绘制两个文本框，并将两个文本框串接，如图 4-38 所示。单击文件→置入，选择“饮品类型.doc”，在置入对话框中不要勾选“应用网格格式”，点击文本框，将文字信息置入到当前页面，如图 4-39 所示。

图 4-38　串接文本框　　　　图 4-39　置入文字

(12) 将文字光标插入到文本框内，按 Ctrl + A 键全选文字内容，设置字体为方正兰亭黑，字号为 18 点，填充颜色为(0，90，70，0)，如图 4-40 和图 4-41 所示。

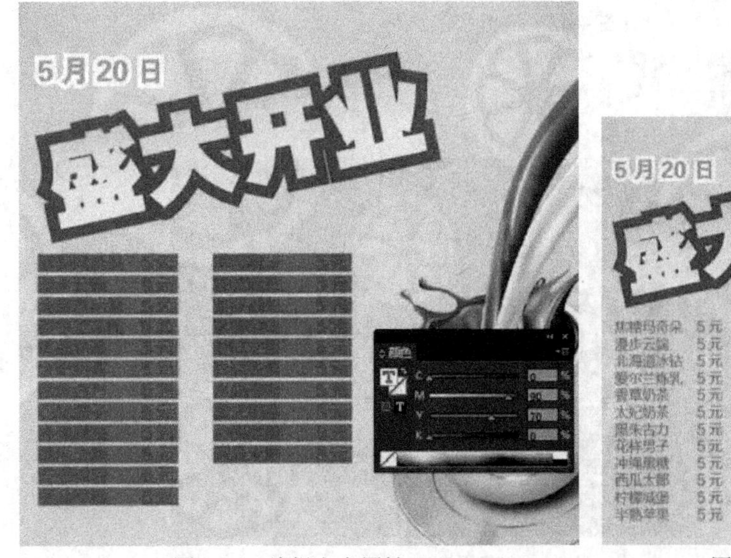

图 4-40　编辑文字属性　　　　图 4-41　取消选择文字

(13) 选择文字工具，拖曳输入“优惠券”， 单击窗口→文字和表→字符，打开字符面板，设置字体为方正大黑简体，字号为 72 点，字符间距为 300，如图 4-42 所示。选择文本框，在工具箱中单击填色按钮并选中“格式针对文本”。单击窗口→渐变，打开渐变面板，渐变类型选择“线性”，角度选择 90°，在渐变面板中选择起始色标，设置起始色标颜色为(0，55，100，0)，在渐变面板中选择结束色标，设置结束色标颜色为(0，0，0，0)，如图 4-43 所示。

图 4-42　编辑文字属性

图 4-43　应用渐变

(14) 选择文字工具，拖曳输入“开业当日凭此券至店内免费领取原味奶茶品尝装一杯”。打开字符面板，设置字体为方正大黑简体，字号为 18 点，字符间距 500。打开段落面板，设置对齐方式为居中对齐，字符颜色填充为(0，0，0，0)，如图 4-44 所示。

图 4-44　编辑文字属性

第 5 章　绘制与编辑图形

InDesign CC 提供了强大的图形绘制工具，在 InDesign CC 中可以使用铅笔工具、钢笔工具、直线工具、多边形工具等绘制图形。正确、灵活地使用绘图工具，可以便捷、高效的进行设计和排版作业。

5.1　路线图绘制

路线图是一种能使读者快速达成目标的说明性图片或文档，用来指引人们到达某个地点，或说明从甲地到达乙地的方式。与普通地图不同，路线图必定会具有一个或多个特定的目的地，有些图还有特定的起始点以及经过点。路线图要求简单易懂、易于阅读，所以绘制路线图时，只需要提取最主要的干道，然后用最直接的方法绘制出来。

本节通过对景区路线和游览示意图(见图 5-1)的绘制，带领读者学习钢笔工具、直线工具、矩形工具、多边形工具等图形绘制工具的使用方法。

想嗨来迪诺 欢乐不停嗨
DINO

来迪诺，让我们最亲切、最精力旺盛的史蒂夫镇长，带你开始崭新一天，玩转游乐创意恐龙王国，来迪诺坐最高的 120 米旋转式观光塔，看最美丽的风景；来迪诺感受精彩纷呈的街头演艺，带你走进梦幻世界，来迪诺看场震撼心灵的 3D 建筑灯光秀，享受华丽的视觉盛宴；吃在环球美食街、玩在创意街区、乐在滨水酒吧、购在奥特莱斯，吃喝玩乐购，缤纷迪诺给你精彩。

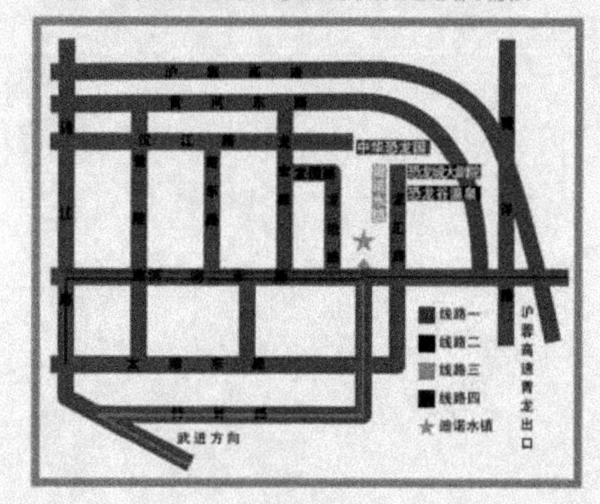

线路一
线路二
线路三
线路四
迪诺水镇
沪蓉高速青龙出口
武进方向

图 5-1　景区路线和游览示意图

5.1.1　景区路线图绘制

(1) 启动 InDesign CC，选择文件→打开，打开“路线图练习.indd”，如图 5-2 所示。

(2) 用矩形工具绘制矩形，设置描边粗细为 3 点，描边颜色为黑色，色调为 50%，如图 5-3 所示。

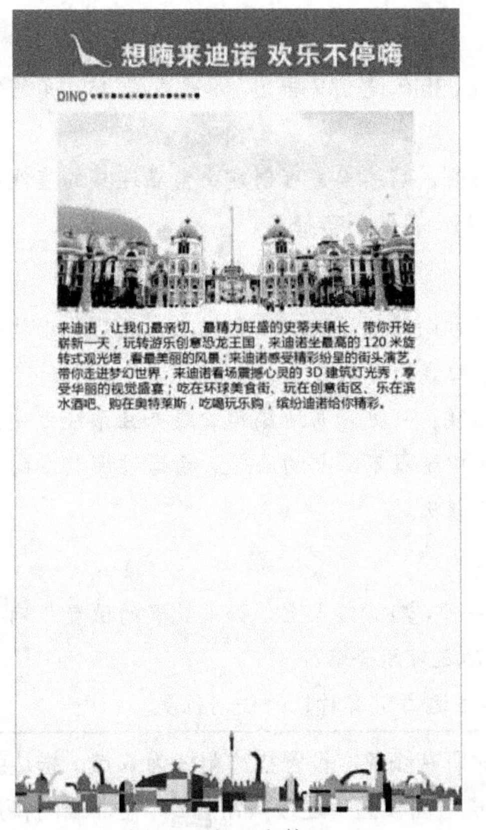
想嗨来迪诺 欢乐不停嗨
DINO
来迪诺，让我们最亲切、最精力旺盛的史蒂夫镇长，带你开始
崭新一天，玩转游乐创意恐龙王国，来迪诺坐最高的 120 米旋
转式观光塔，看最美丽的风景；来迪诺感受精彩纷呈的街头演艺，
带你走进梦幻世界，来迪诺看场震撼心灵的 3D 建筑灯光秀，享
受华丽的视觉盛宴；吃在环球美食街、玩在创意街区、乐在滨
水酒吧、购在奥特莱斯，吃喝玩乐购，缤纷迪诺给你精彩。

图 5-2　打开文件　　　　图 5-3　绘制矩形

(3) 选择钢笔工具绘制直线和曲线，如图 5-4 所示。

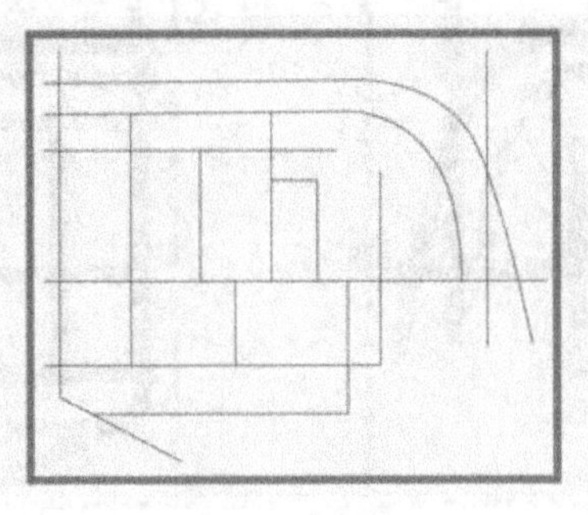

图 5-4　绘制线条

★ 提示：

用钢笔工具绘制直线

绘制直线时也可以选择直线工具，按住Shift键可以垂直、水平或沿45° 角绘制直线，线条与线条之间是孤立和分散的。

选择钢笔工具，通过单击创建锚点绘制线条，继续单击可创建由角点连接的直线段组成的路径。按住Shift键可以垂直、水平或沿45° 角绘制路径。

用钢笔工具绘制曲线

可以通过如下方式创建曲线：在曲线改变方向的位置添加一个锚点，然后拖动构成曲线形状的方向线。方向线的长度和斜度决定了曲线的形状。

在绘制过程中使用尽可能少的锚点拖动曲线，可更容易地编辑曲线并且系统可更快速地显示和打印它们。使用过多的点还会在曲线中造成不必要的凸起。请通过调整方向线长度和角度绘制间隔宽的锚点并练习设计曲线的形状。

通过执行下列操作之一完成路径：

① 要闭合路径，则将钢笔工具定位在第一个(空心)锚点上。如果放置的位置正确，钢笔工具指针旁将出现一个小圆圈，单击或拖动之可闭合路径。

② 若要保持路径开放，按住Ctrl 键并单击远离所有对象的任何位置。

(4) 按住Shift键，用选择工具选择绘制的所有线条，设置描边粗细为6点，描边颜色为黑色，色调为70%，如图5-5所示。单击描边面板圆角连接按钮，使曲线的转角成圆角效果，如图5-6所示。

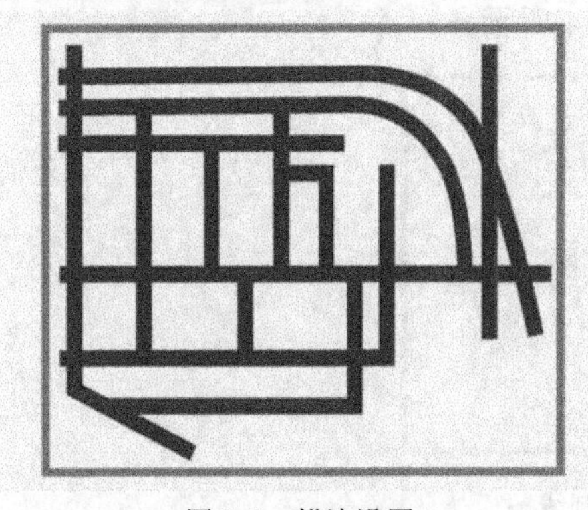

图5-5　描边设置

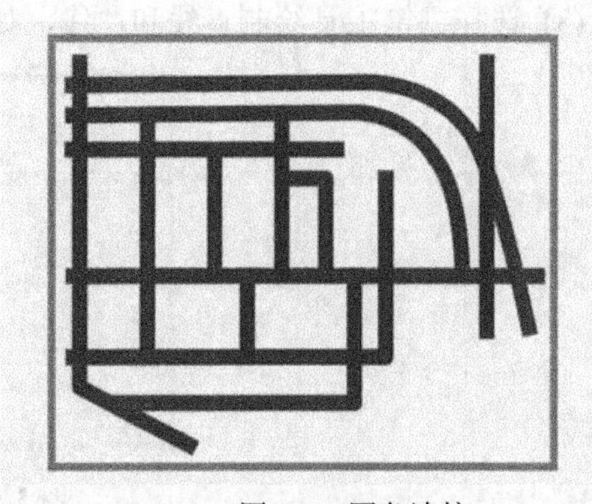

图5-6　圆角连接

(5) 分别选择文字工具和直排文字工具，拖曳文本框并输入道路名称，设置字体为方正黑体 GBK，字号为 5 点，文字颜色为黑色。打开字符面板，根据道路长短适度调整字符间距，如图 5-7 所示。

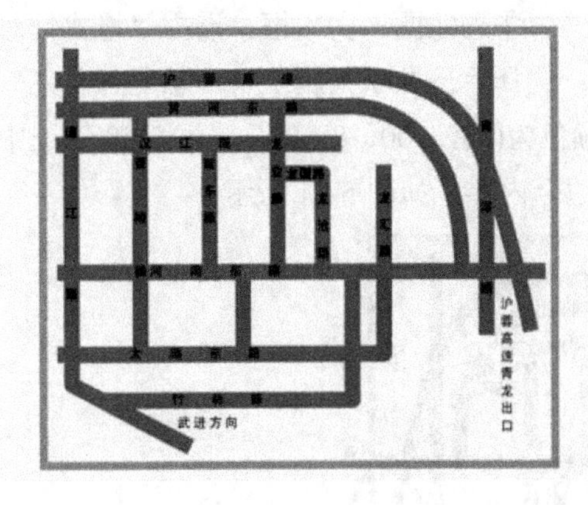

图 5-7　输入文字

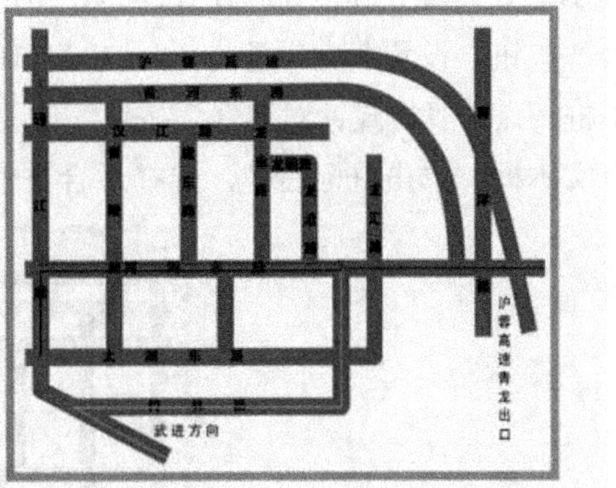

图 5-8　绘制线条

(6) 选择钢笔工具绘制 4 条曲线，描边粗细设置为 0.5 点，描边颜色分别设为(15，100，100，0)、(100，90，10，0)、(75，5，100，0)、(60，100，0，0)，如图 5-8 所示。

(7) 双击多边形工具，弹出多边形设置对话框，设置边数为 3，星形内陷为 0%，如图 5-9 所示。拖曳绘制三角形，填充颜色为(73，11，53，0)。再次双击多边形工具，弹出多边形设置对话框，设置边数为 5，星形内陷为 50%，按住 Shift 键拖曳绘制正五角星，填充颜色为(73，11，53，0)，如图 5-10 所示。

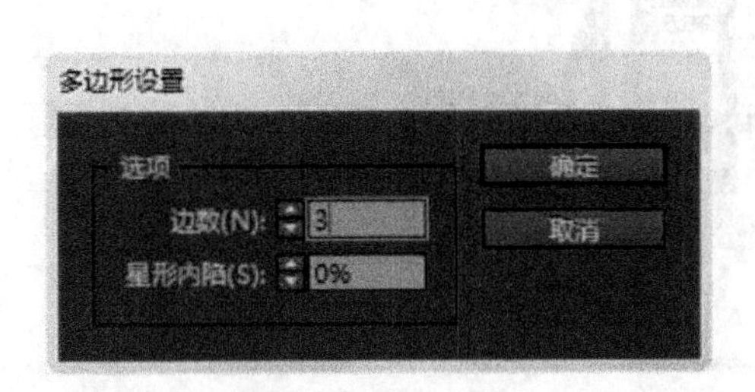

图 5-9　多边形设置

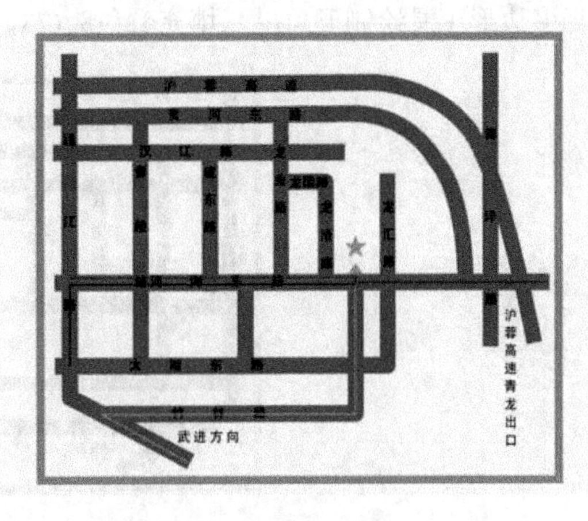

图 5-10　绘制多边形

(8) 选择直排文字工具，拖曳文本框并输入“迪诺水镇”，选择文字工具，拖曳文本框并输入“中华恐龙园”、“恐龙城大剧院”、“恐龙谷温泉”，设置字体为方正黑体 GBK，字号为 5 点，文字颜色为纸色。选择“迪诺水镇”文本框，点击“格式针对容器”按钮(快捷键 J)，设置填充颜色为(73，11，53，0)；选择“中华恐龙园”文本框，点击“格式针对容器”按钮，设置填充颜色为(15，100，100，0)；选择“恐龙城大剧院”、“恐龙谷温泉”文本框，点击“格式针对容器”按钮，设置填充颜色为(60，100，0，0)。按住 Shift 键选中所有文本框，单击鼠标右键，选择适合→使框架适合内容，如图 5-11 所示。

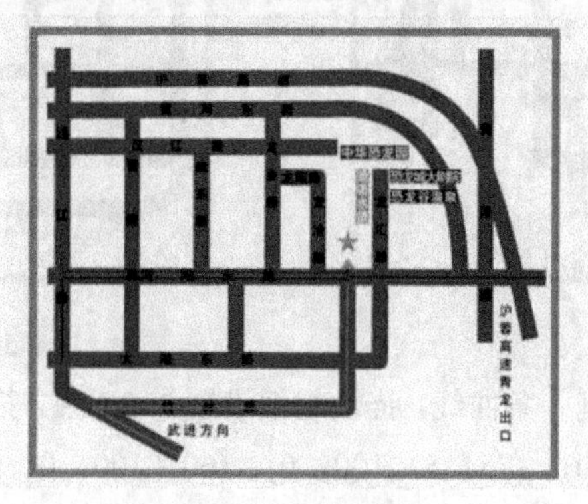

图 5-11　添加文字

(9) 选择文字工具，输入“线路一”、“线路二”、“线路三”、“线路四”、“迪诺水镇”，设置字体为方正黑体 GBK，字号为 5 点，文字颜色为黑色；选择矩形工具绘制四个矩形，分别填充颜色为(15，100，100，0)、(100，90，10，0)、(75，5，100，0)、(60，100，0，0)；选择多边形工具绘制五角星，填充颜色为(73，11，53，0)，如图 5-12 所示。

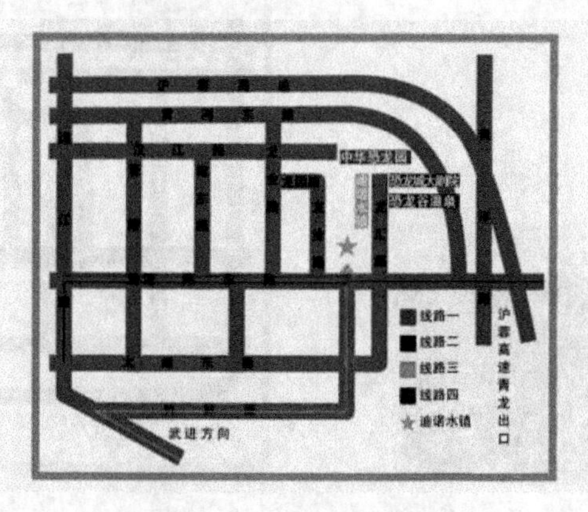

图 5-12　添加文字并绘制矩形

5.1.2 游览示意图绘制

(1) 启动 InDesign CC，选择文件→新建→文档，设置页数为 1，宽度为 257 mm，高度为 182 mm，上、下、左、右出血为 3 mm，点击“边距和分栏”，设置上、下、左、右边距为 0，如图 5-13 和图 5-14 所示。

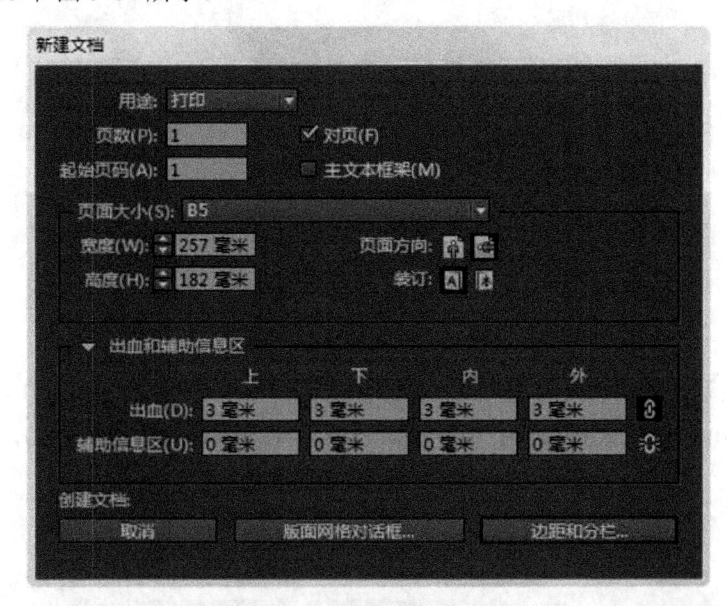

图 5-13　新建文档

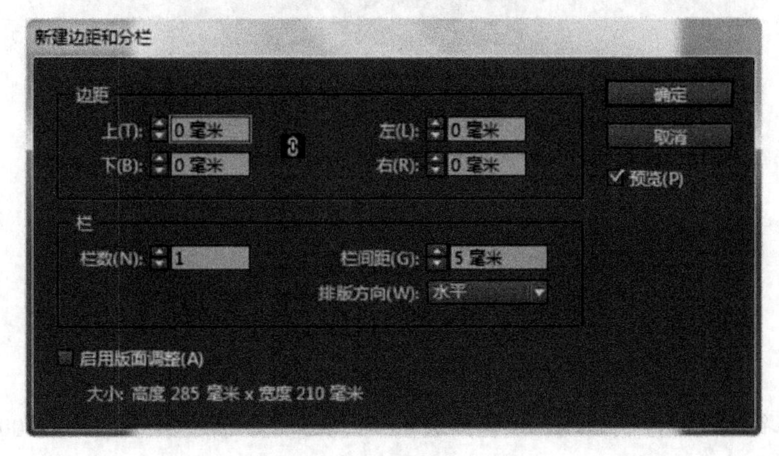

图 5-14　新建边距和分栏

(2) 选择矩形工具，拖曳绘制背景矩形，填充颜色为(0，0，100，0)，色调为30%，如图5-15所示。

图5-15　绘制背景矩形

(3) 选择钢笔工具绘制闭合路径，分别填充颜色为(100，0，0，0)、(70，0，100，0)、(0，80，100，0)、(0，0，100，0)、(0，50，0，0)、(35，0，65，0)、(100，0，0，0)，如图5-16所示。

图5-16　绘制闭合路径

(4) 选择钢笔工具绘制曲线，设置描边粗细为1.5点，描边颜色为(15，100，100，0)，如图5-17所示。

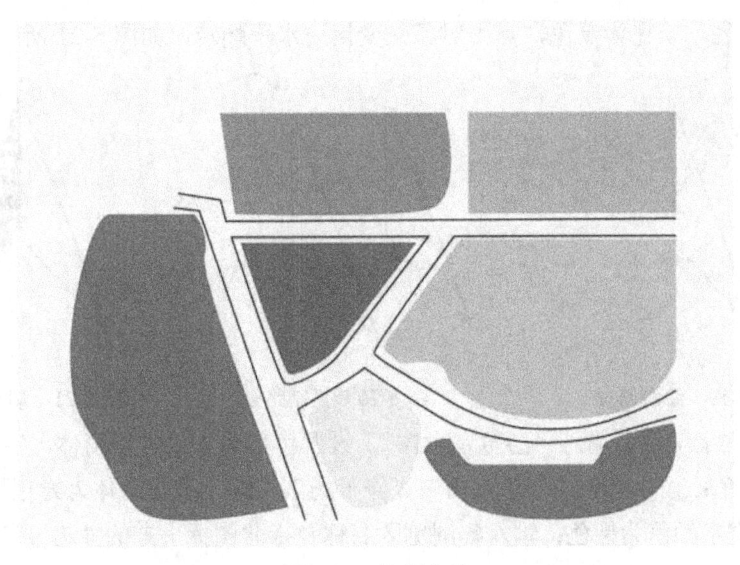

图 5-17　绘制曲线

(5) 选择椭圆工具绘制圆形，填充颜色为黑色，色调为 50%，如图 5-18 所示。

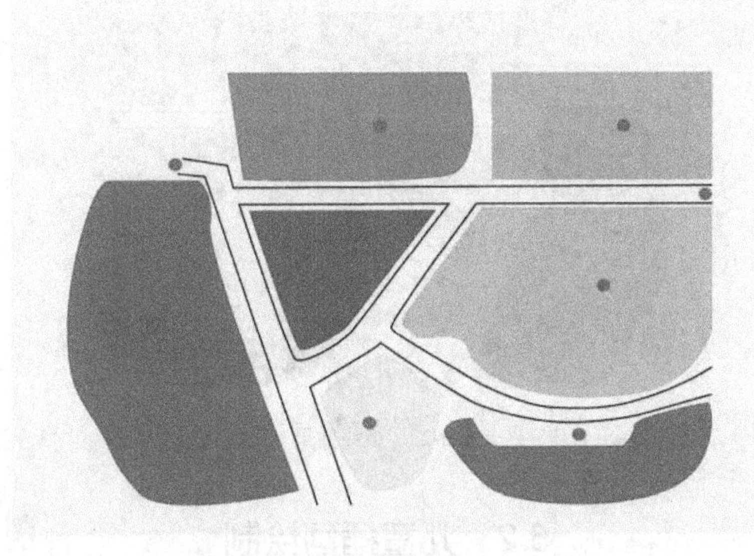

图 5-18　绘制圆形

(6) 选择钢笔工具绘制闭合路径，设置描边为 0.25 点，描边颜色为黑色，如图 5-19 所示。选中三角形路径，点击编辑→复制、编辑→粘贴，得到第二个路径，如图 5-20 所示。

选中第二个路径，填充为黑色，点击对象→变换→水平翻转，如图 5-21 所示。

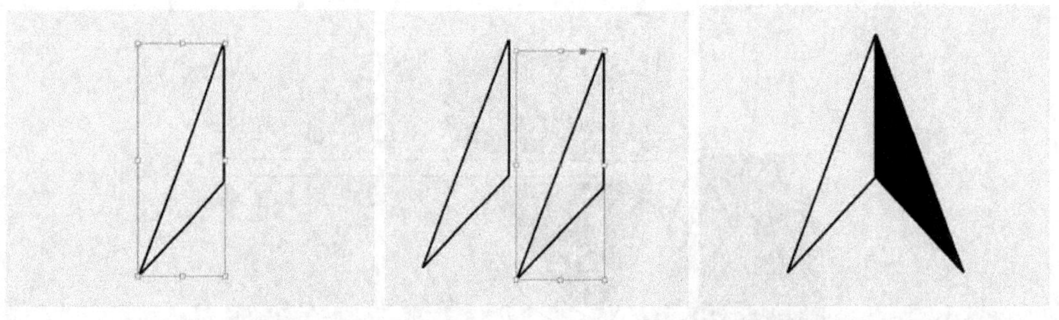

图 5-19　绘制路径　　　　图 5-20　复制路径　　　　图 5-21　填充路径并移动

(7) 选择文字工具，输入“游览示意图”，设置字体为方正大黑简体，字号为 20 点，文字颜色为黑色；输入“北门”、“东门”、“停车场”、“P”，设置字体为方正黑体 GBK，字号为 15 点，文字颜色为黑色；输入各浏览区名称及指北图标上方的“北”字，设置字体为宋体，字号为 12 点，文字颜色为黑色。最终效果如图 5-22 所示。

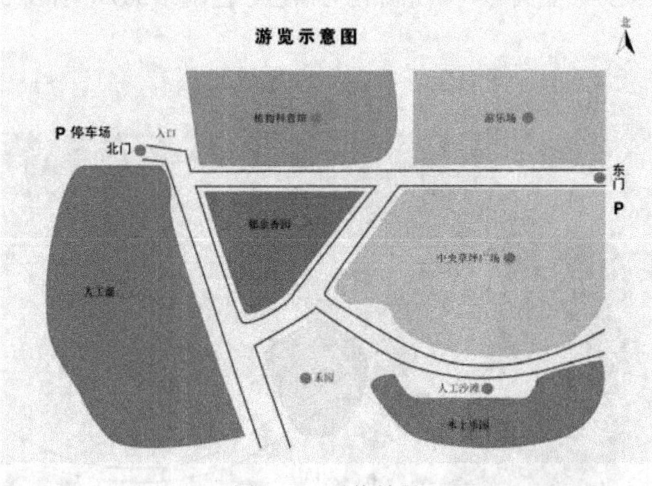

图 5-22　最终效果

5.2　儿童插画绘制

本节讲解儿童插画制作，如图 5-23 所示。通过绘图工具、钢笔工具的使用，并配合旋转工具、变换工具、路径查找器的操作，完成儿童插画的制作。

图 5-23　儿童插画

(1) 启动 InDesign CC，选择文件→新建→文档，设置页数为 1，宽度为 257 mm，高度为 182 mm，上、下、左、右出血为 3 mm，点击“边距和分栏”，设置上、下、左、右边距为 0，如图 5-24 所示。

(2) 选择矩形工具并拖曳绘制矩形，填充渐变色，设置起始色标为(50，10，0，0)，结束色标为(0，0，0，0)，终点位置为 80%，渐变角度为 90°，如图 5-25 所示。

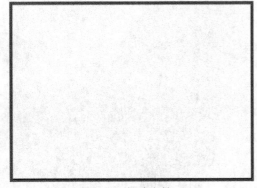

图 5-24　新建文档

图 5-25　绘制背景矩形

(3) 选择钢笔工具，绘制三个闭合路径，分别填充为纸色、(60，0，90，0)和(75，0，

100，0)，如图 5-26 所示。

图 5-26　绘制闭合路径

(4) 在图层面板中将图层 1 左侧的“切换图层锁定”选中，并单击“创建新图层”按钮，得到图层 2，如图 5-27 所示。选择钢笔工具绘制路径，填充渐变色，设置角度为 90°，设置起始色标为(75，0，100，0)，结束色标为(30，0，90，0)；选择矩形工具绘制矩形，填充颜色为(0，20，20，70)；调整两个图形的排列顺序，完成单个大树的绘制，如图 5-28 所示。

图 5-27　新建图层 2

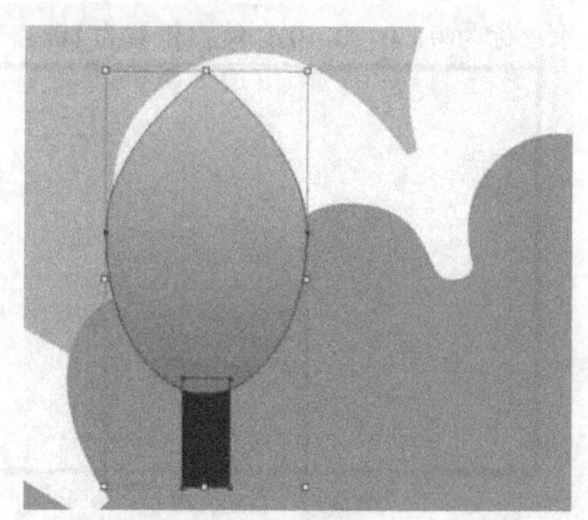

图 5-28　绘制大树

(5) 按住 Shift 键选中大树的两个图形，按住 Alt 键用选择工具拖动图形，得到另一个大树图形，大树上部分填充颜色为(35，0，90，0)，下部分矩形填充颜色为(0，20，20，70)，调整图形大小和位置后如图 5-29 所示。

(6) 按住 Shift 键选中大树的四个图形，单击对象→编组，将两棵树组合为一个组，按住 Alt 键将本组图形对象拖动至页面右侧，然后单击对象→变换→水平翻转，如图 5-30 所示。

图 5-29　复制并调整图形

图 5-30　复制并调整图形组

(7) 选择钢笔工具绘制路径，填充颜色为(0，0，100，0)，如图 5-31 所示。选择矩形工具绘制四个矩形，其中三个填充颜色为纸色，一个填充颜色为(0，90，70，0)，如图 5-32 所示。

图 5-31　绘制图形(1)

图 5-32　绘制图形(2)

(8) 双击多边形工具，弹出多边形设置选项，设置边数为 3，星形内陷为 0%，绘制出三角形，填充颜色为(0，90，70，0)，如图 5-33 所示。

(9) 分别选择矩形工具和椭圆工具绘制一个矩形和一个正圆形，填充颜色为纸色，如图 5-34 所示。

图 5-33　绘制图形

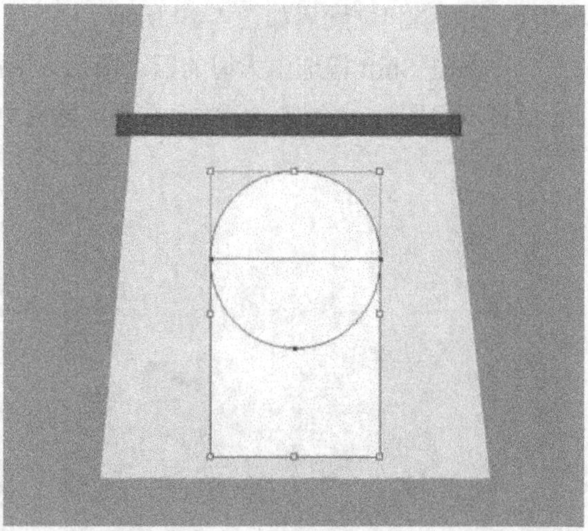

图 5-34　绘制图形

(10) 保持矩形和圆形为选中状态，单击窗口→对象和版面→路径查找器，单击“相加”按钮，将两个图形组合成一个形状，如图 5-35 所示。

(11) 选择椭圆工具，按 Shift 键绘制正圆，填充颜色为纸色，如图 5-36 所示。

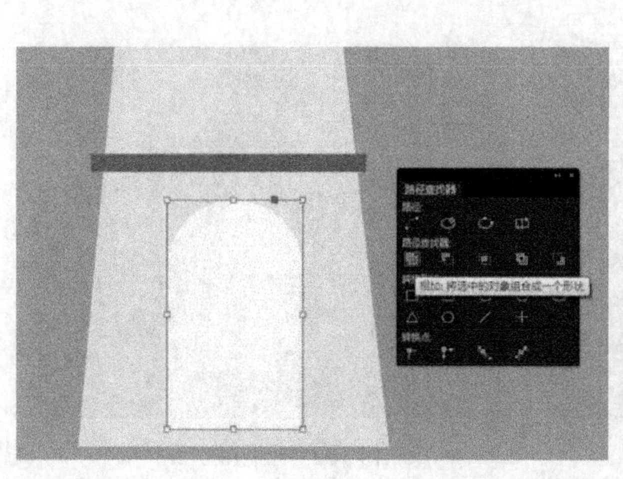

图 5-35　相加路径

图 5-36　绘制圆形

(12) 选择钢笔工具绘制风车叶片路径，如图 5-37 所示。选择旋转工具，按住 Alt 键单击风车叶片路径下方，设置旋转角度为 90°，如图 5-38 所示。单击“复制”按钮，结果如图 5-39 所示。

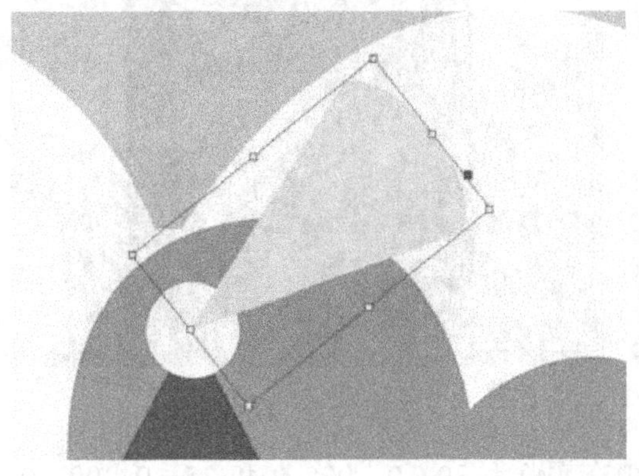
图 5-37　绘制图形

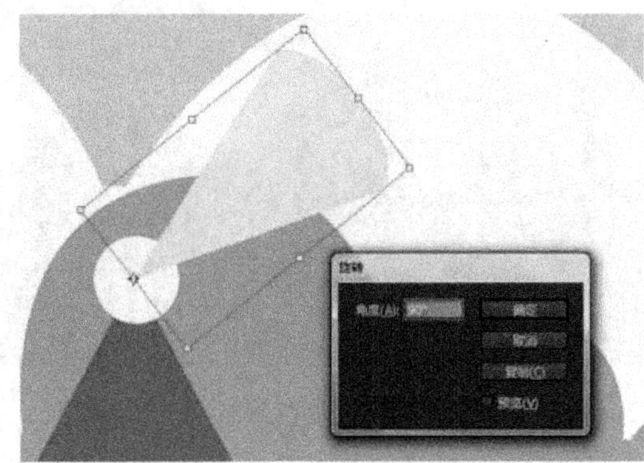
图 5-38　旋转图形

(13) 保持图形为选中状态，按 Ctrl + Alt + 4 键以风车叶片路径下方为中心旋转并复制风车叶片，如图 5-40 所示。

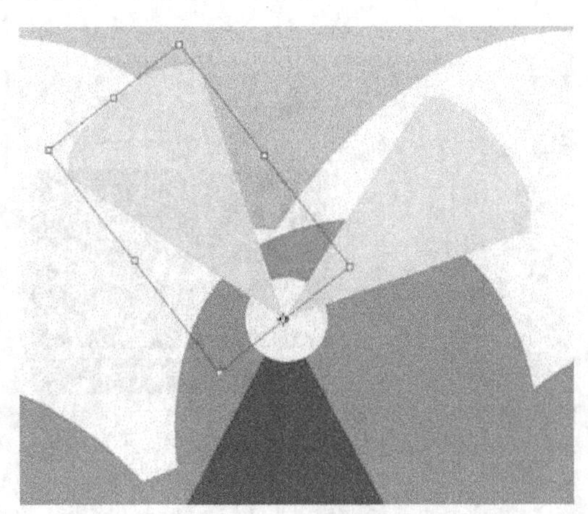
图 5-39　复制图形

图 5-40　旋转并复制图形

(14) 按住 Shift 键选中所有风车图形，单击对象→编组，将风车图形组合为一个组，按住 Alt 键拖动本组图形至页面右侧，如图 5-41 所示。

(15) 在图层面板中将图层 2 左侧的“切换图层锁定”选中，并单击“创建新图层”按钮，得到图层 3，如图 5-42 所示。

图 5-41　复制图形组

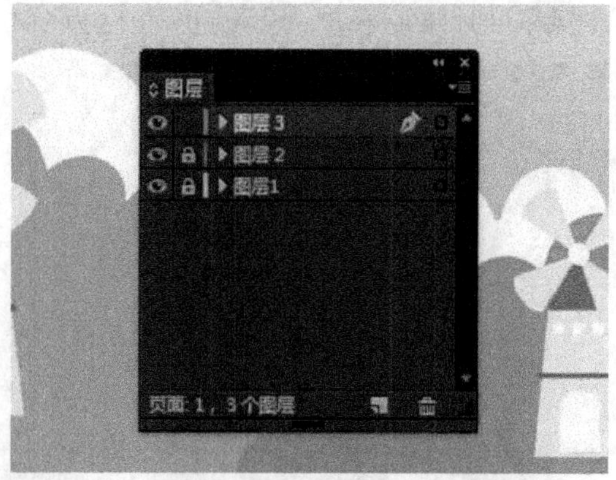

图 5-42　新建图层

(16) 选择钢笔工具绘制两个路径，分别填充颜色为(30，0，90，0)和(35，0，90，0)，如图 5-43 所示。

(17) 选择钢笔工具绘制花茎，填充渐变色，角度为 90°，起始色标为(30，0，90，0)，结束色标为(75，0，100，0)，如图 5-44 所示。

图 5-43　绘制路径并填充

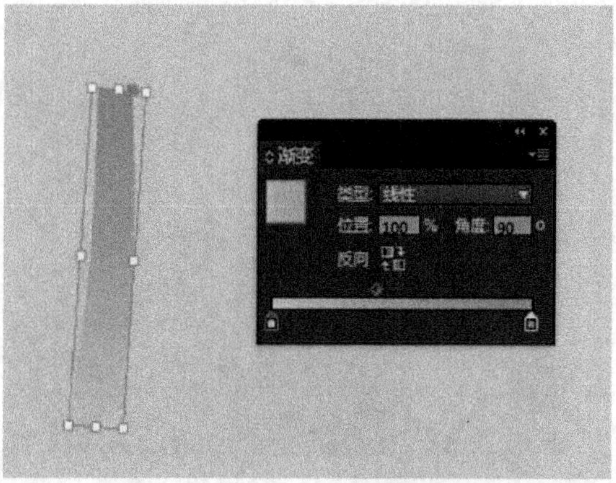

图 5-44　绘制花茎

(18) 选择钢笔工具绘制两片花叶，按住 Shift 键选中两片花叶，单击右键选择排列→后移一层，如图 5-45 所示。

(19) 选择椭圆工具，按住 Shift 键绘制正圆(大圆)，填充颜色为(0，60，90，0)，如图 5-46 所示。

图 5-45　绘制花叶

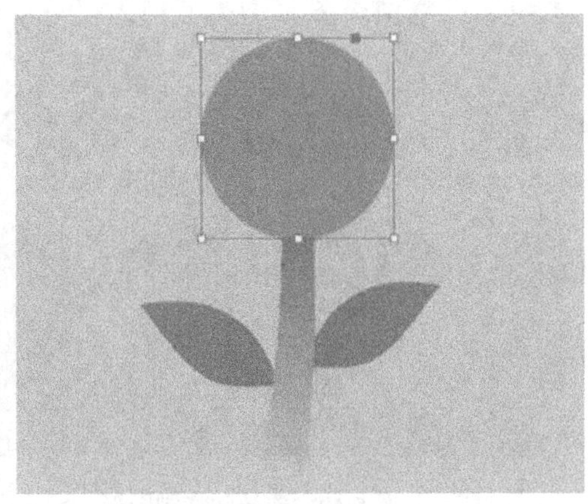

图 5-46　绘制正圆

(20) 选择椭圆工具，按住 Shift 键绘制正圆(小圆)，填充颜色为(0，0，100，0)。选择旋转工具，按住 Alt 键单击大圆圆心，弹出旋转对话框，设置角度为 30°，如图 5-47 所示。单击“复制”按钮，结果如图 5-48 所示。

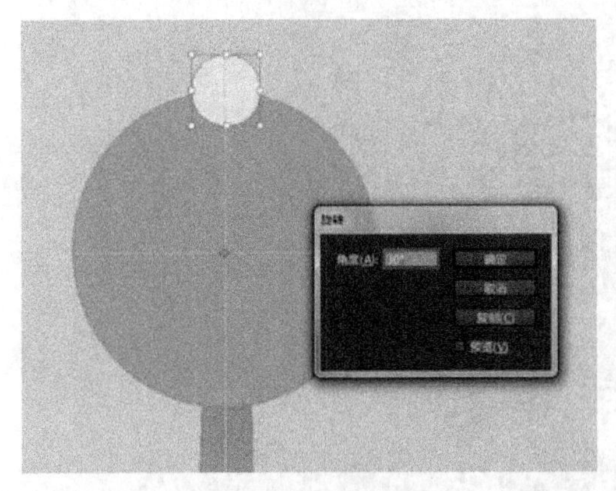

图 5-47　绘制花叶

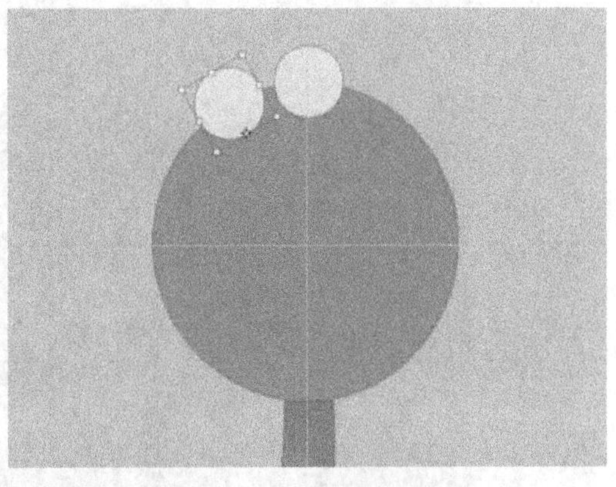

图 5-48　复制圆形

(21) 保持图形为选中状态，按 Ctrl + Alt + 4 键以大圆圆心为中心旋转并复制小圆，如图 5-49 所示。

(22) 按住 Shift 键选中所有小圆，单击对象→编组，将其组合为一个组，单击右键选择排列→后移一层，如图 5-50 所示。

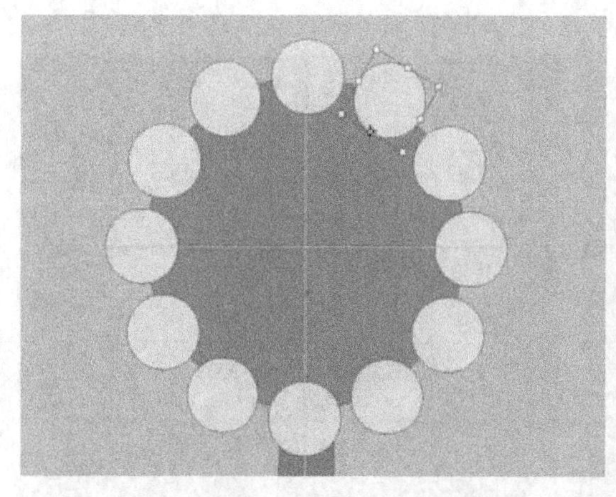

图 5-49　旋转并复制图形

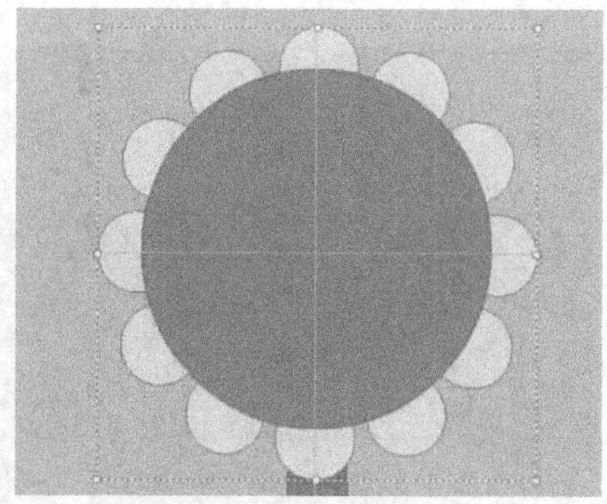

图 5-50　编组并排列对象

(23) 按住 Shift 键选中所有花茎、花叶、花朵，点击对象→编组，将其组合为一个组，如图 5-51 所示。保持该组图形为选中状态，按住 Alt 键移动并复制对象，利用选择工具按住 Shift 键等比例缩放对象，最终效果如图 5-52 所示。

图 5-51　编组对象

图 5-52　移动、复制并调整对象

第6章　商业表格制作

InDesign CC 中提供了强大的表格编辑功能，通过编辑、格式化表格，可以快速创建复杂而美观的表格。本章讲解 InDesign CC 中常见表格的制作方法，通过对表格中行列的设置、单元格拆分与合并、导入 word 表格等操作，完成对表格的学习。

6.1　表格设计制作

表格可以方便读者浏览和对比数据。表格设计应简洁明了，表格中的平行术语、数字和简称应上下或左右统一，表达一致，避免读者理解错误，在构思表头时应尽量清晰易懂。

本节通过会员登记表和课程表的制作，来学习新建表格、合并拆分单元格、列宽调节、行高调节、表格大小调节、表格描边和填色等操作，从而掌握表格的创建与编辑方法。

6.1.1　会员登记表制作

制作如图6-1所示的会员登记表的步骤如下：

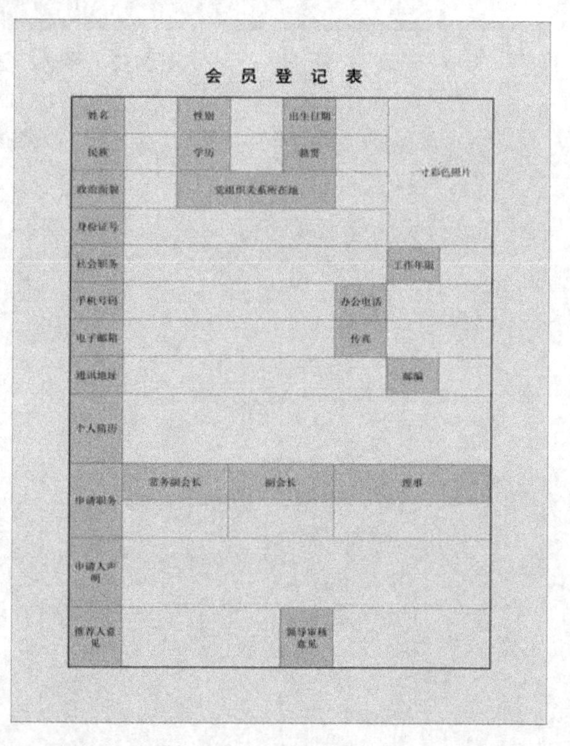

会　员　登　记　表

姓名		性别		出生日期		一寸彩色照片	
民族		学历		籍贯			
政治面貌		党组织关系所在地					
身份证号							
社会职务						工作年限	
手机号码					办公电话		
电子邮箱					传真		
通讯地址						邮编	
个人简历							
申请职务	常务副会长		副会长		理事		
申请人声明							
推荐人意见				领导审核意见			

图6-1　会员登记表

(1) 启动 InDesign CC，选择文件→新建→文档，设置页数为1，宽度为210 mm，高度为297 mm，上、下、左、右出血为

3 mm，点击“边距和分栏”，设置上边距为 30 mm，下、左、右边距为 20 mm，如图 6-2 和图 6-3 所示，点击“确定”按钮新建空白文档。

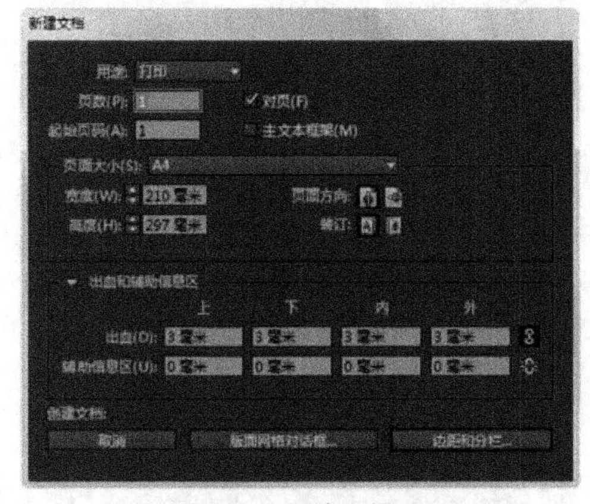

图 6-2　新建文档

图 6-3　新建边距和分栏

(2) 选择矩形工具，拖曳绘制背景矩形，点击窗口→颜色→色板，打开色板面板，设置填充颜色为(100，0，0，0)，色调为 20%。选择文字工具，拖曳绘制文本框，输入文字“会员登记表”，设置字体为黑体，字号为 20 点，结果如图 6-4 所示。

(3) 按照版心大小，使用文字工具拖曳绘制文本框，点击表→插入表，设置行数为 13，列数为 8，如图 6-5 所示，单击“确定”按钮即可创建表格，如图 6-6 所示。

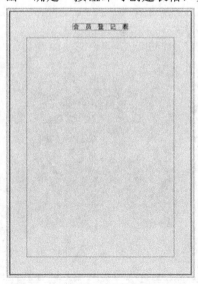

图 6-4　绘制背景矩形并添加文字

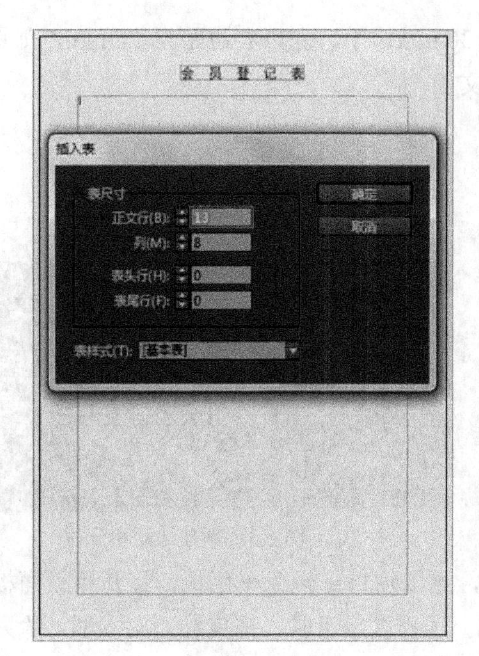

图 6-5　插入表

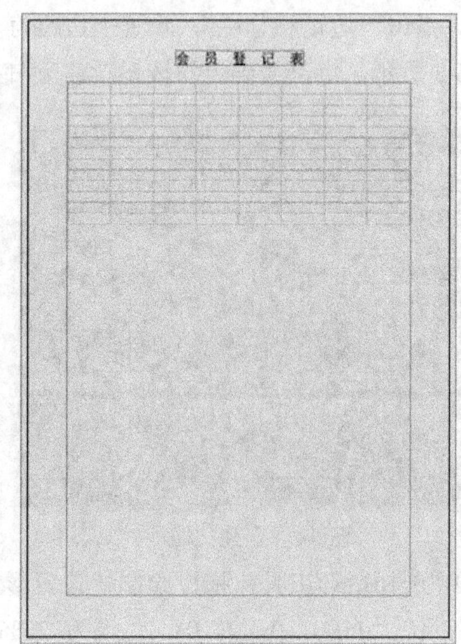

图 6-6　创建表格

(4) 点击表→选择→表，选择整个表格，单击窗口→文字和表→表，弹出表面板，设置“行高”为 16 mm，如图 6-7 所示。

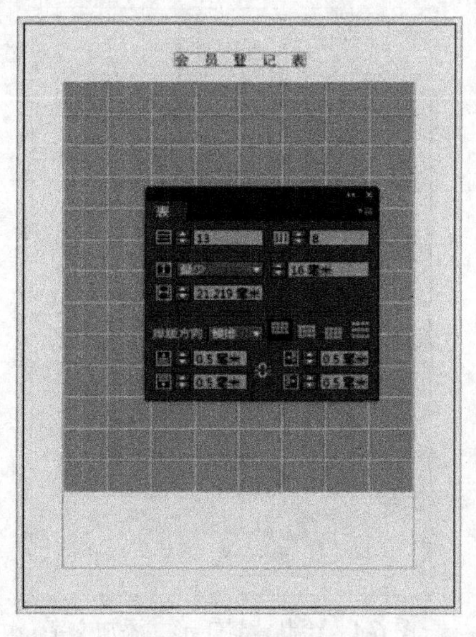

图 6-7　调节行高

(5) 选择文字工具，选中表格第 1、2、3、4 行的第 7 列和第 8 列单元格，单击鼠标右键，选择“合并单元格”，如图 6-8 所示，合并后的效果如图 6-9 所示。

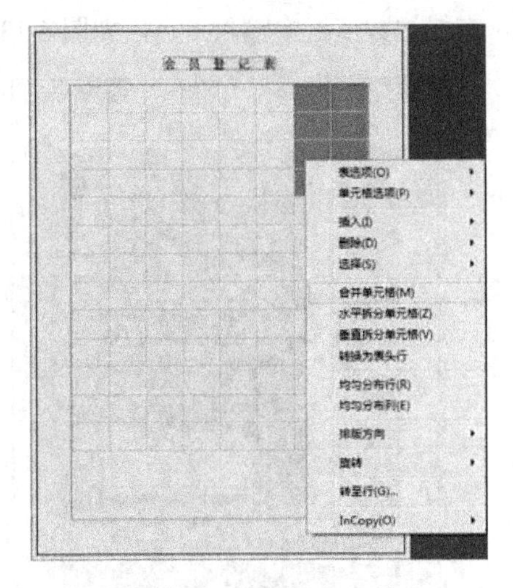

图 6-8　合并单元格

图 6-9　单元格合并后效果

(6) 按照上述方法继续合并其他单元格，结果如图 6-10 所示。

(7) 将文字光标分别放置在第 9 行和第 12 行，单击窗口→文字和表→表，弹出表面板，设置“行高”为 30 mm，将文字光标放置在第 13 行，设置“行高”为 26 mm，结果如图 6-11 所示。

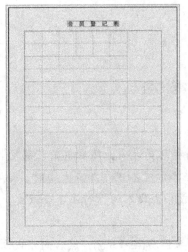

图 6-10　合并其他单元格

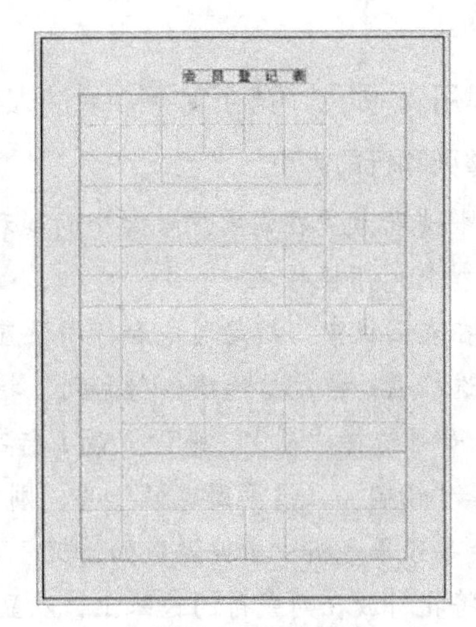

图 6-11　调节行高

(8) 用文字工具选择整个表格，在单元格描边缩略图中单击四周的描边线，只保留中间，在描边数值框中输入 0.25 点，如图 6-12 所示。在单元格描边缩略图中单击四周的描边线，使其显示为蓝色，单击中间横线和竖线使其变灰，在描边数值框中输入 1 点，如图 6-13 所示。

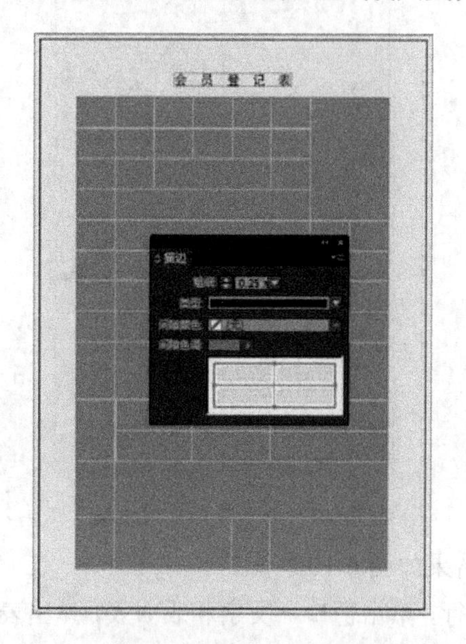

图 6-12　描边表格中间线

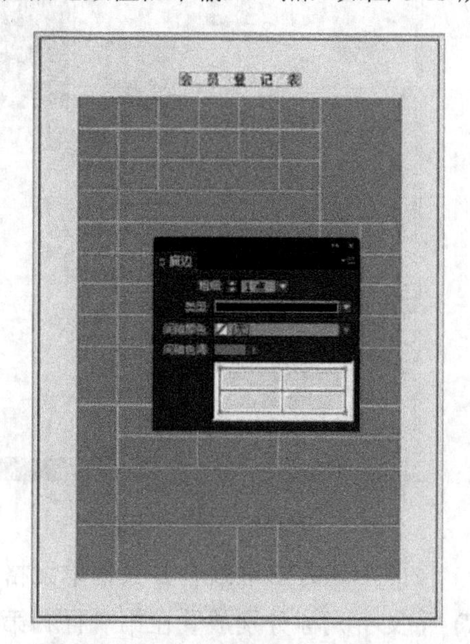

图 6-13　描边表格边框线

★ **提示：**

可以用以下方法调整行、列和表的大小。

调整列和行的大小

(1) 将光标放置在需要调整大小的列和行中的单元格内。

(2) 执行以下操作之一：

① 在表面板中，指定列宽和行高设置。

② 选择表→单元格选项→行和列，指定行高和列宽选项，然后单击“确定”按钮。

注：如果选择“最少”来设置最小行高，则当添加文本或增加点大小时，会增加行高。如果选择“精确”来设置固定的行高，则当添加或移去文本时，行高不会改变。固定的行高经常会导致单元格中出现溢流的情况。

③ 将指针放在列或行的边缘上，以显示双箭头图标(↔或↕)，然后向左或向右拖动以增加或减小列宽，向上或向下拖动以增加或减小行高。

在不更改表宽的情况下调整行或列的大小

(1) 拖动表内的行或列的内边缘(而不是表边界)的同时按住 Shift 键，当一个行或列变大时，其他行或列会相应变小。

(2) 若要按比例调整行或列的大小，则需在拖动表的右外框或下边缘时按住 Shift 键。

按住 Shift 键时拖动表的下边缘(对于直排文本是左下角)，将按比例调整行的高度(或者直排文本行的宽度)。

调整整个表的大小

使用“文字”工具T，将指针放置在表的右下角使指针变为箭头形状，然后进行拖动以增加或减小表的大小，按住 Shift 键以保持表的高宽比例。

对于直排表，使用文字工具将指针放置在表的左下角以使指针变为箭头形状，然后进行拖动以增加或减小表的大小。

注：如果表在文章中跨多个框架，则不能使用指针调整整个表的大小。

(9) 打开色板面板，将颜色(100，0，0，0)拖曳至指定的单元格中，色调设置为 50%，如图 6-14 所示。

(10) 输入文字，设置字体为宋体，字号为 12 点，结果如图 6-15 所示。

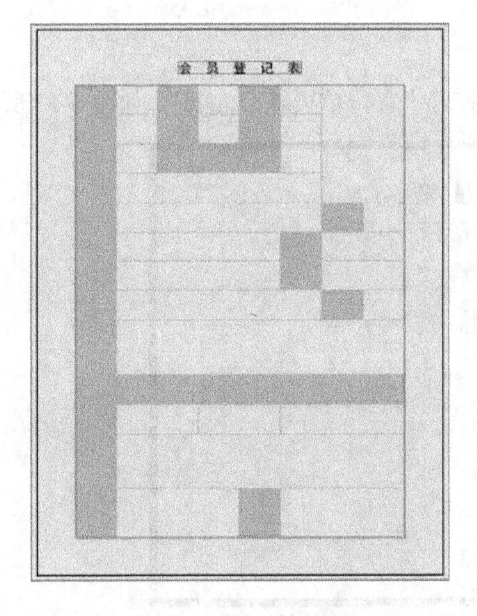

图 6-14　单元格填充

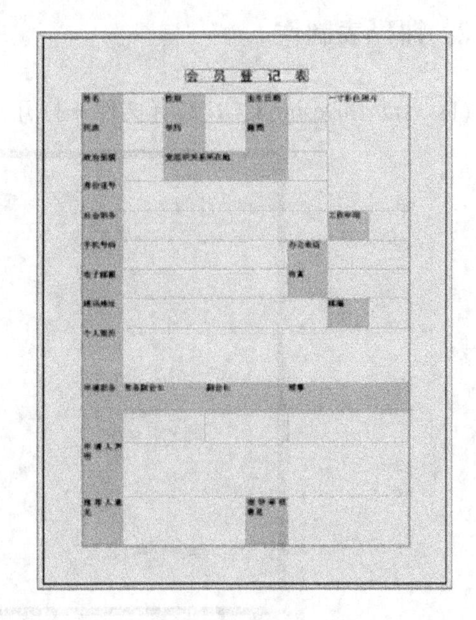

图 6-15　输入文字

(11) 用文字工具选择整个表格，单击控制面板上的文字居中对齐按钮和表格居中对齐按钮，如图 6-16 所示。

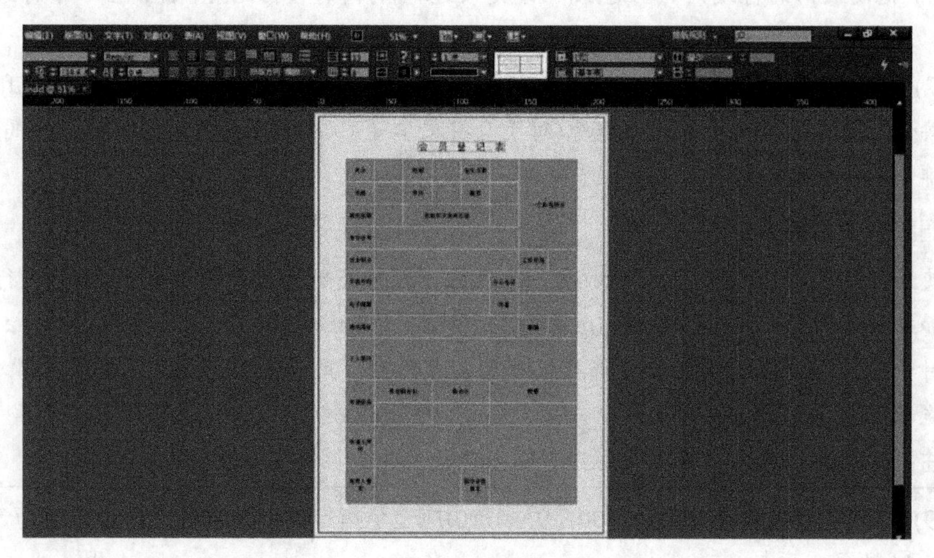

图 6-16 文字和表格居中对齐设置

6.1.2 课程表制作

(1) 启动 InDesign CC，选择文件→打开，打开“宣传单页练习.indd”，如图 6-17 所示。

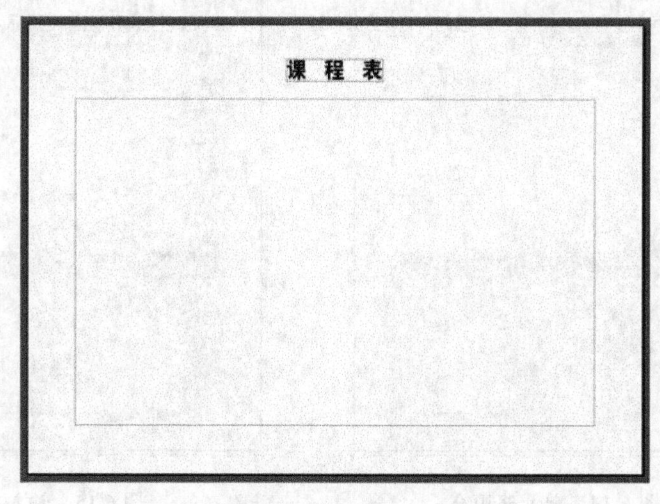

图 6-17 打开文件

(2) 按照版心大小，使用文字工具拖曳绘制文本框，单击表→插入表，设置行数为 8，列数为 6，表头行为 1，如图 6-18 所示。单击“确定”按钮，创建表格，如图 6-19 所示。

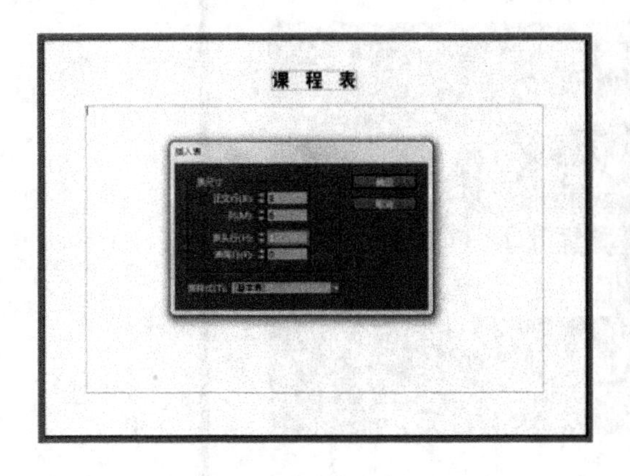

图 6-18　插入表

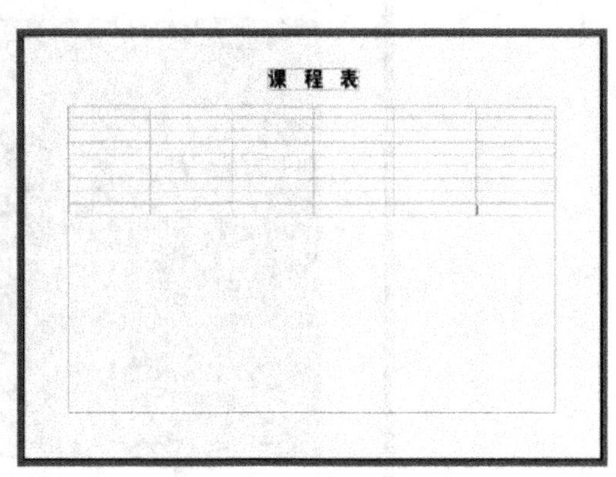

图 6-19　创建表格

(3) 将文字光标放在表格底线位置，当光标变为↕时，按住 Shift 键，向下拖曳鼠标，将表格拉至与版心相同的高度，如图 6-20 所示。

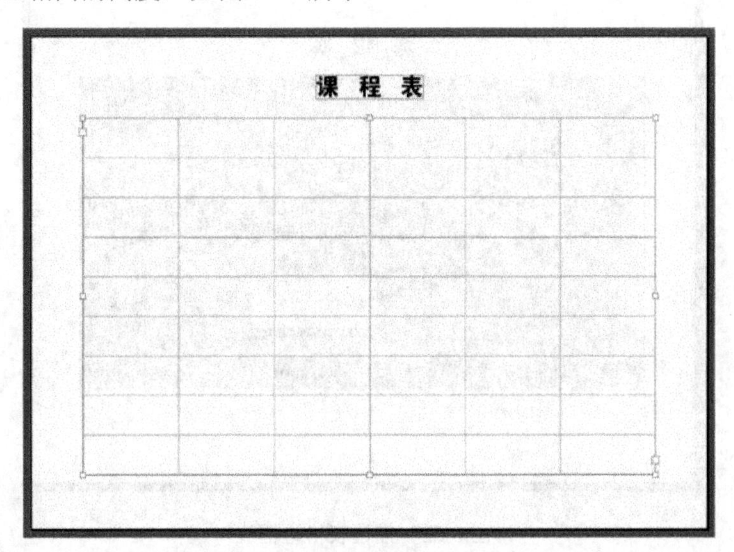

图 6-20　调整表格大小

(4) 用文字工具选择整个表格，在单元格描边缩略图中单击四周的描边线，在描边数值框中输入 1 点，如图 6-21 所示。在单元格描边缩略图中单击四周的描边线，使其显示为蓝色，单击中间横线和竖线使其变灰，在描边数值框中输入 2 点，如图 6-22 所示。

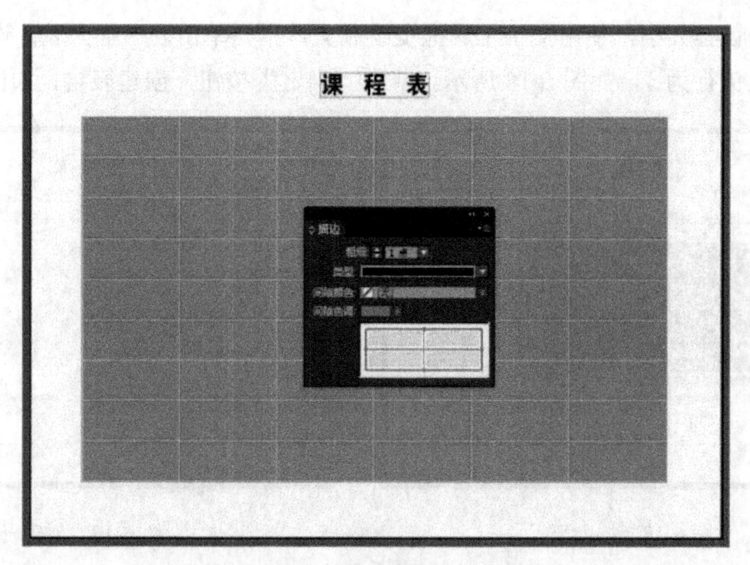

图 6-21　描边表格中间线

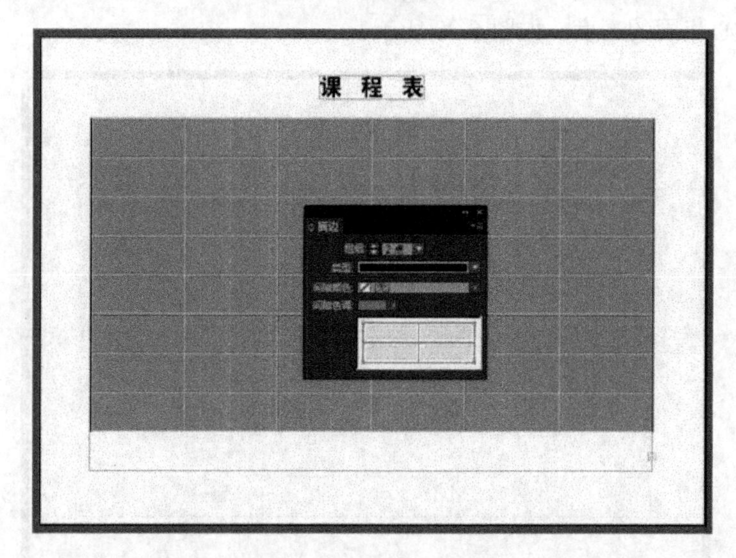

图 6-22　描边表格边框线

★ **提示：**

在调整表格时，单元格右下角出现红色(＋)号，表示该单元格出现溢流，将文本框拉大即可。

(5) 单击表→选择→表将整个表格选中，点击表→表选项→交替填色，打开表选项对话框，交替模式选择“每隔一列”，“前 1 栏”颜色选择(0，0，100，0)，色调为 50%；“后 1 栏”颜色选择(0，100，0，0)，色调为 50%，如图 6-23 所示，单击“确定”按钮后效果如图 6-24 所示。

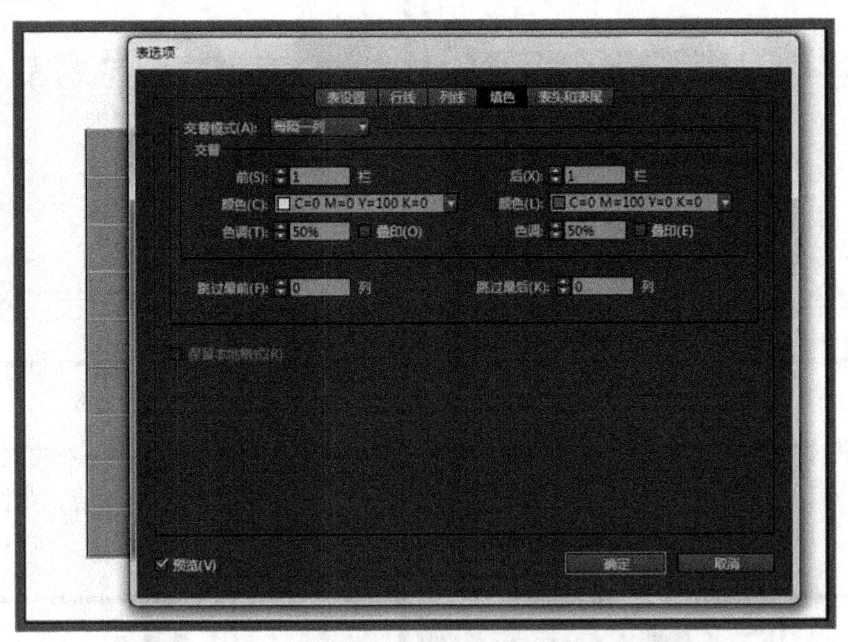

图 6-23　设置交替填色

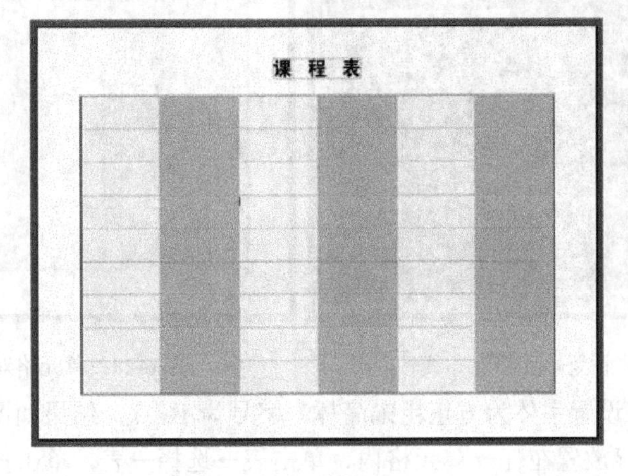

图 6-24　交替填色

(6) 用文字工具选中表头，填充颜色为(100，0，0，0)，结果如图 6-25 所示。

(7) 分别选择第 1 列的 2、3、4、5 行和 6、7、8、9 行的单元格，单击右键分别对其进行单元格合并，结果如图 6-26 所示。

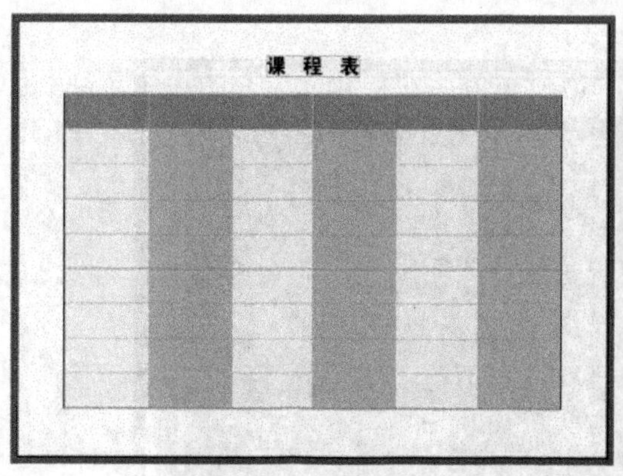

图 6-25　填充表头

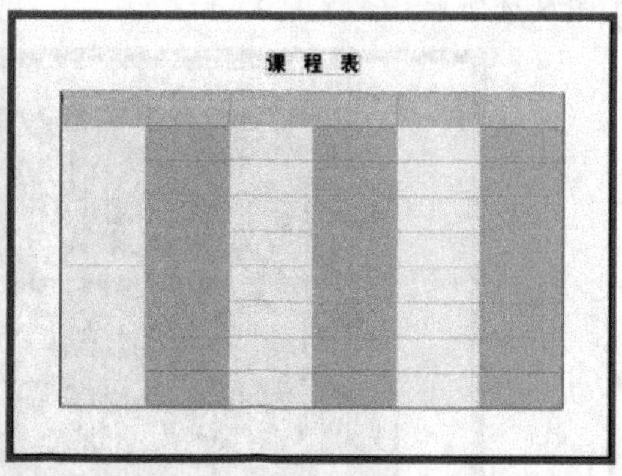

图 6-26　合并单元格

(8) 将文字光标放置在第 1 行第 1 个单元格，单击表→单元格选项→对角线，打开单元格选项对话框，单击“从左上角到右下角的斜线”，线条描边粗细为 1 点，如图 6-27 所示，单击“确定”按钮后效果如图 6-28 所示。

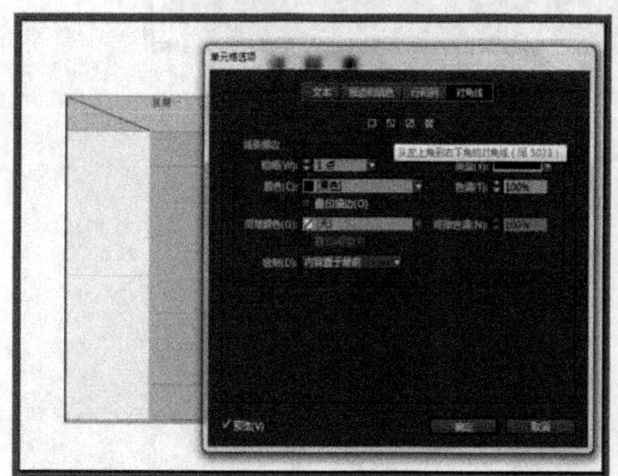

图 6-27　设置单元格对角线

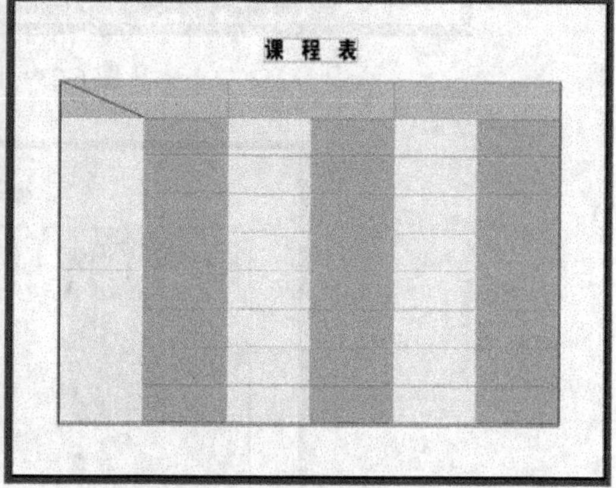

图 6-28　单元格对角线

(9) 输入文字，设置字体为方正粗宋简体，字号为 16 点，结果如图 6-29 所示。

(10) 将文字光标放置在任一单元格内，单击表→选择→表，单击控制面板上的文字居中对齐按钮和表格居中对齐按钮，如图 6-30 所示。

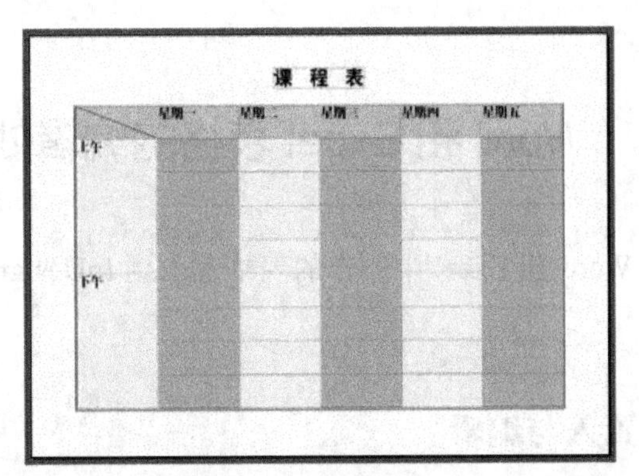

图 6-29　输入文字

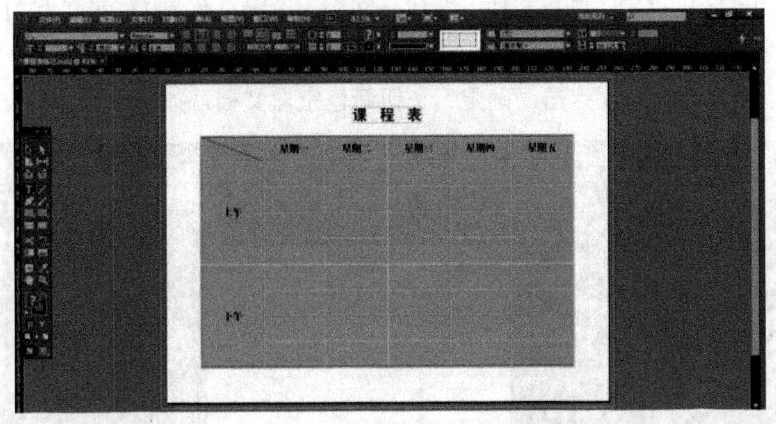

图 6-30　文字和表格居中对齐设置

(11) 用文字工具拖曳两个文本框，分别输入“课程”、“星期”，设置字体为方正粗宋简体，字号为 16 点，最终效果如图 6-31 所示。

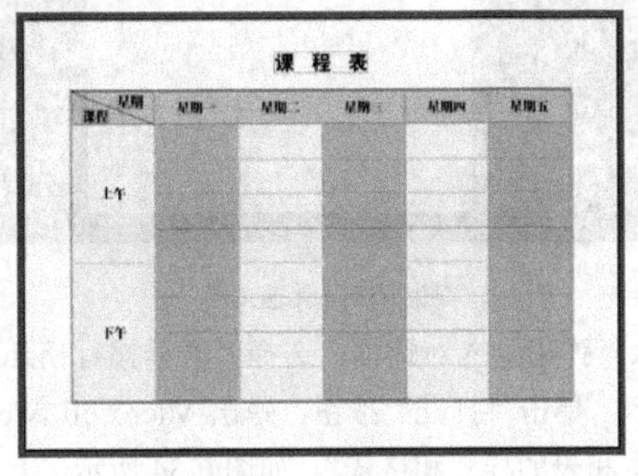

图 6-31　最终效果

6.2 Word 和 Excel 表格的编辑处理

本节讲解如何将在 Word 和 Excel 中制作的表格置入到 InDesign CC 中，以及后续的编辑工作。

6.2.1 Word 表格的置入与编辑

(1) 启动 InDesign CC，选择文件→新建→文档，设置页数为 1，宽度为 210 mm，高度为 297 mm，上、下、左、右出血为 3 mm，不勾选“对页”，点击“边距和分栏”，设置上、下、左、右边距为 20 mm，点击“确定”按钮新建空白文档，如图 6-32 所示。

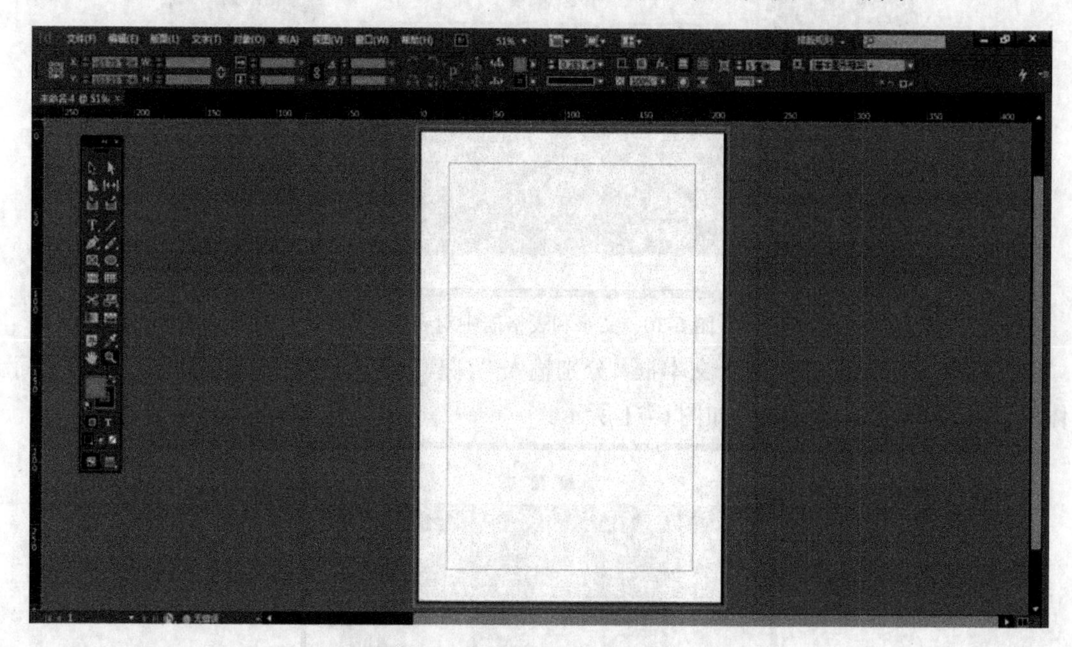

图 6-32　新建文档

(2) 单击文件→置入，弹出置入对话框，选择“音乐排行榜.doc”，同时选中“显示导入选项”，如图 6-33 所示。单击“打开”按钮，弹出 Microsoft Word 导入选项对话框，在对话框中选中“保留文本和表的样式和格式”，如图 6-34 所示。

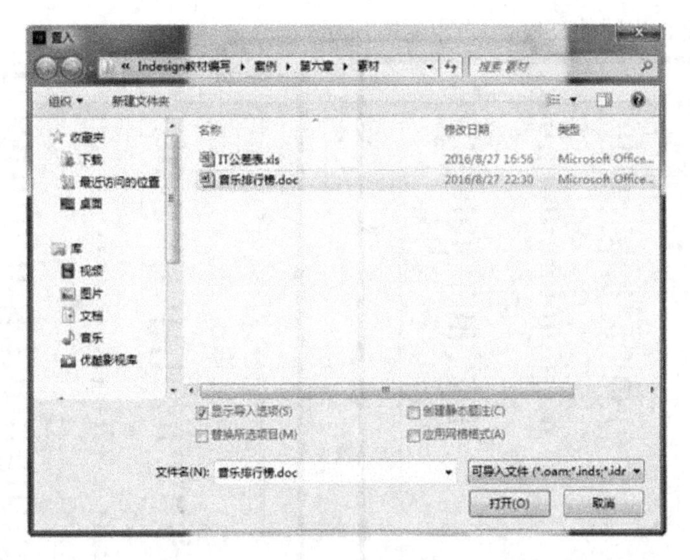

图 6-33　置入对话框

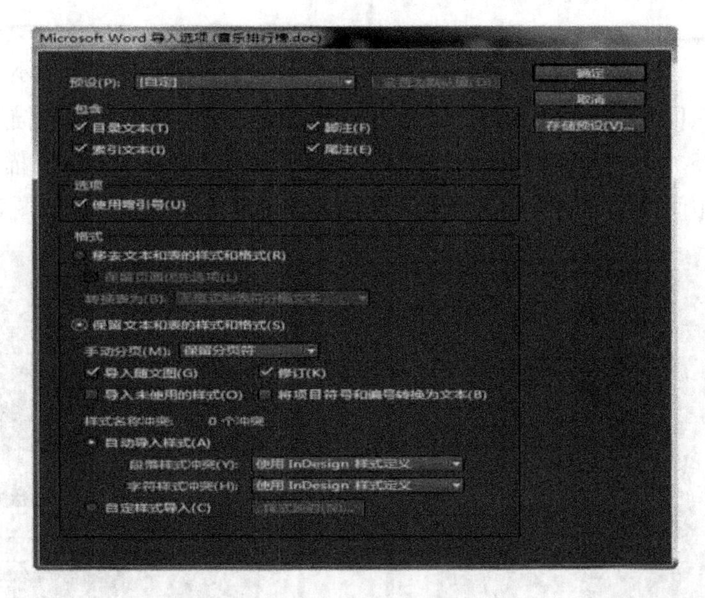

图 6-34　导入选项

(3) 单击“确定”按钮，鼠标显示为▸状态，单击版心左上角将 Word 表格置入当前文档中，如图 6-35 所示。

(4) 将文字光标放置在表格底线位置，当光标变为↕时，按住 Shift 键，向下拖曳鼠标，将表格拉至与版心相同的高度，如图 6-36 所示。

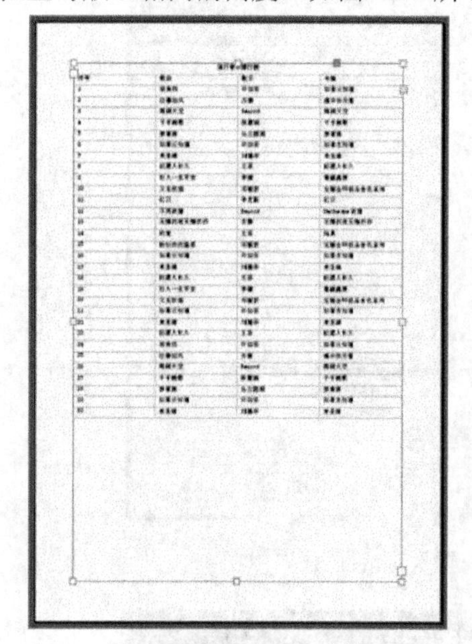

图 6-35　置入 Word 表格

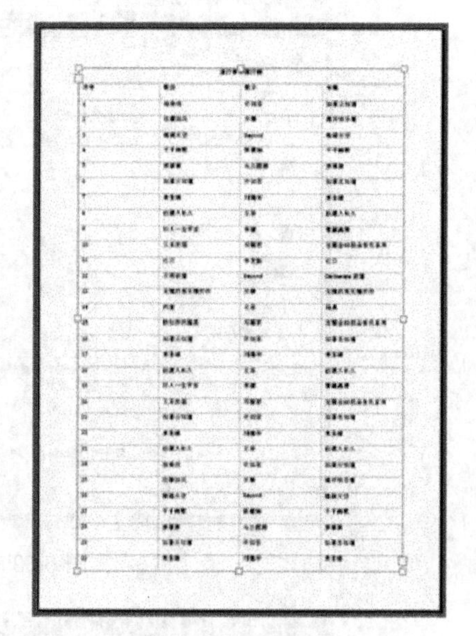

图 6-36　调整表格大小

(5) 用文字工具选择整个表格，在单元格描边缩略图中单击四周的描边线，在描边数值框中输入 0.25 点，如图 6-37 所示。在单元格描边缩略图中单击四周的描边线，使其显示为蓝色，单击中间横线和竖线使其变灰，在描边数值框中输入 1 点，如图 6-38 所示。

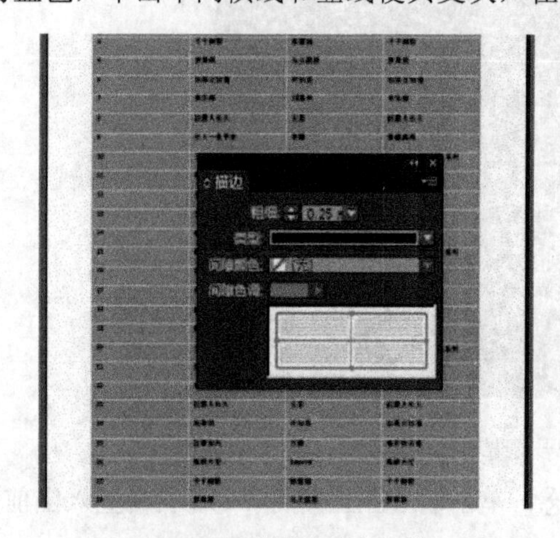

图 6-37　描边表格中间线

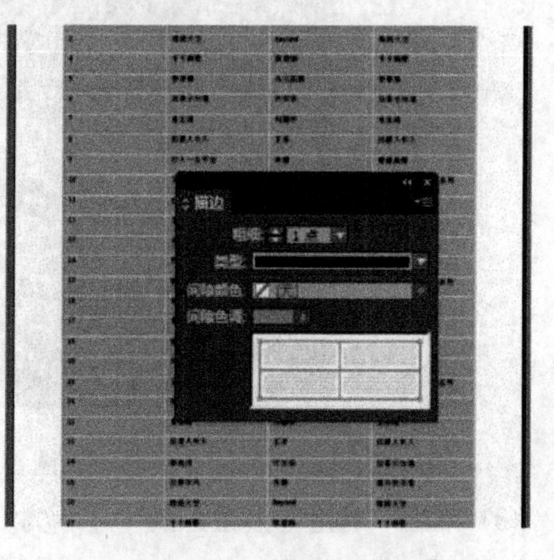

图 6-38　描边表格边框线

(6) 选择表格内文字“流行音乐排行榜”，设置字体为黑体，字号为 20 点；选择表格内其余文字，设置字体为方正仿宋简体，字号 12 点。选中整个表格，设置文字表格均居中对齐，最终效果如图 6-39 所示。

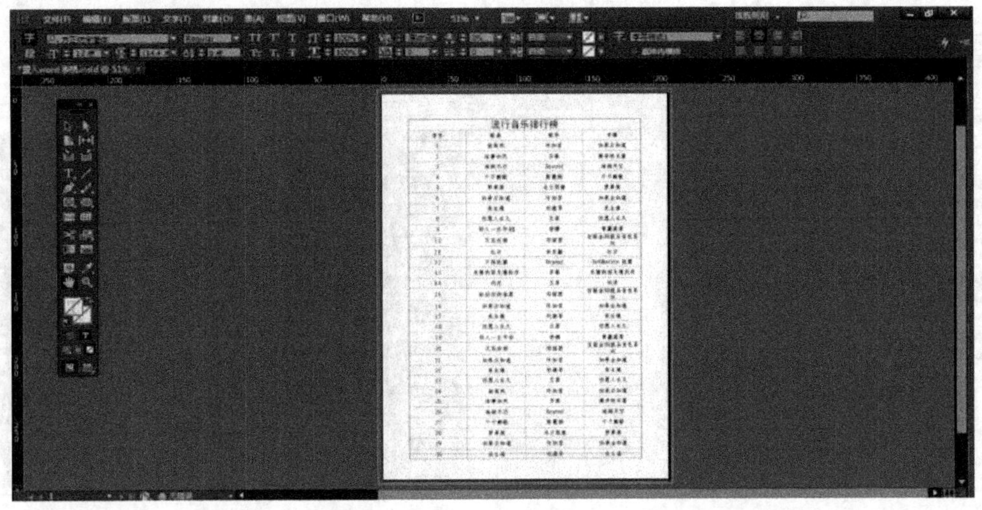

图 6-39　最终效果

6.2.2　Excel 表格的置入与编辑

(1) 启动 InDesign CC，选择文件→新建→文档，设置页数为 1，宽度为 297 mm，高度为 210 mm，上、下、左、右出血为 3 mm，不勾选“对页”，点击“边距和分栏”，设置上、下、左、右边距为 20 mm，点击“确定”按钮新建空白文档，如图 6-40 所示。

图 6-40　新建文档

(2) 单击文件→置入，弹出置入对话框，选择“IT 公差表.xls”，同时选中“显示导入选项”，如图 6-41 所示。单击“打开”按钮，弹出 Microsoft Excel 导入选项对话框，在对话框中选中“无格式的表”，如图 6-42 所示。

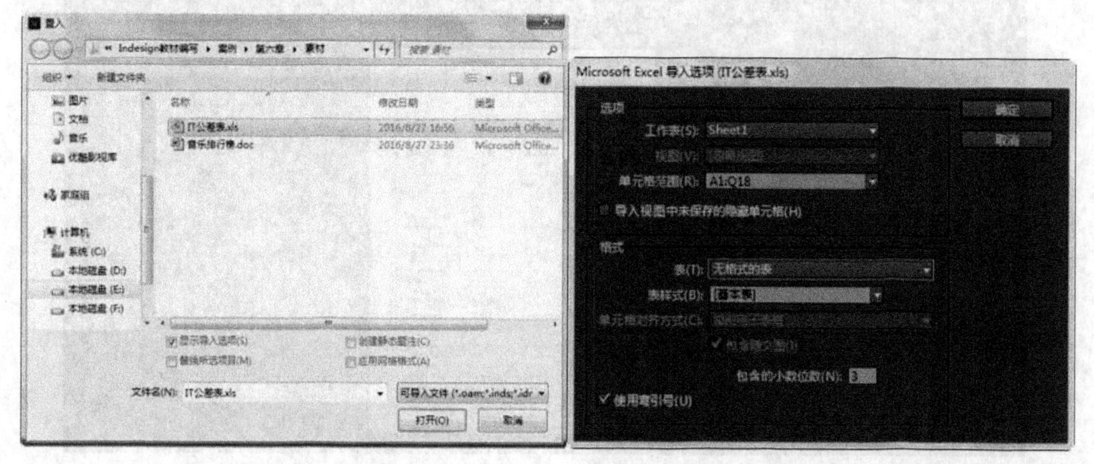

图 6-41 置入对话框　　　图 6-42 导入选项

(3) 单击“确定”按钮，鼠标显示为状态，单击版心左上角将 Excel 表格置入当前文档中，如图 6-43 所示。

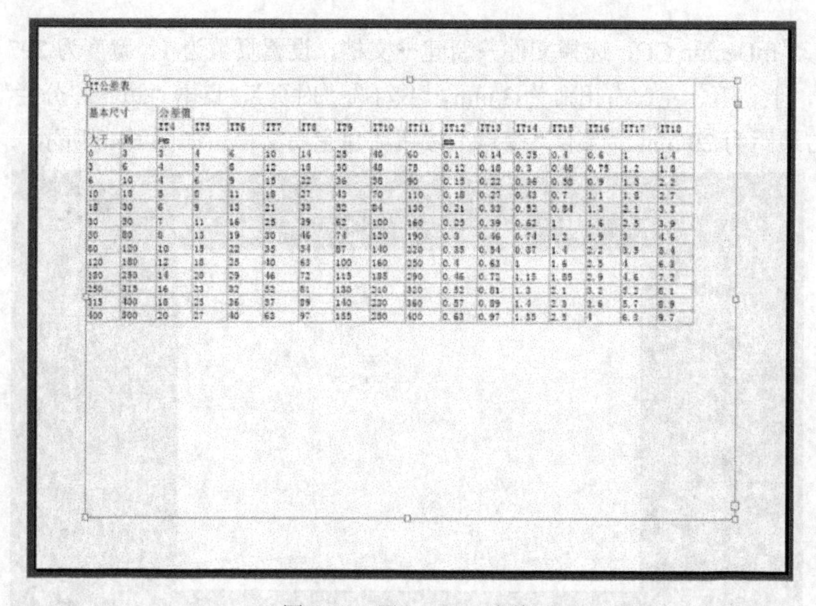

IT公差表

基本尺寸		公差值														
		IT4	IT5	IT6	IT7	IT8	IT9	IT10	IT11	IT12	IT13	IT14	IT15	IT16	IT17	IT18
大于	到	μm								mm						
0	3	3	4	6	10	14	25	40	60	0.1	0.14	0.25	0.4	0.6	1	1.4
3	6	4	5	8	12	18	30	48	75	0.12	0.18	0.3	0.48	0.75	1.2	1.8
6	10	4	6	9	15	22	36	58	90	0.15	0.22	0.36	0.58	0.9	1.5	2.2
10	18	5	8	11	18	27	43	70	110	0.18	0.27	0.43	0.7	1.1	1.8	2.7
18	30	6	9	13	21	33	52	84	130	0.21	0.33	0.52	0.84	1.3	2.1	3.3
30	50	7	11	16	25	39	62	100	160	0.25	0.39	0.62	1	1.6	2.5	3.9
50	80	8	13	19	30	46	74	120	190	0.3	0.46	0.74	1.2	1.9	3	4.6
80	120	10	15	22	35	54	87	140	220	0.35	0.54	0.87	1.4	2.2	3.5	5.4
120	180	12	18	25	40	63	100	160	250	0.4	0.63	1	1.6	2.5	4	6.3
180	250	14	20	29	46	72	115	185	290	0.46	0.72	1.15	1.85	2.9	4.6	7.2
250	315	16	23	32	52	81	130	210	320	0.52	0.81	1.3	2.1	3.2	5.2	8.1
315	400	18	25	36	57	89	140	230	360	0.57	0.89	1.4	2.3	3.6	5.7	8.9
400	500	20	27	40	63	97	155	250	400	0.63	0.97	1.55	2.5	4	6.3	9.7

图 6-43 置入 Excel 表格

(4) 将文字光标放置在表格右下角位置，当光标变为↘时，拖曳表格至版心大小，如图6-44 所示。

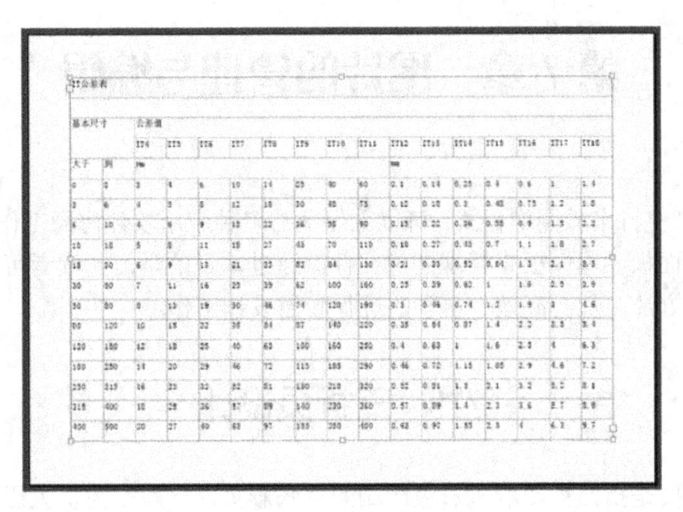

图 6-44　调整表格大小

(5) 选择整个表格，设置字体为宋体，字号为 12 点，设置文字和表格均居中对齐，表格中间线和边框线描边粗细设置为 0.5 点，最终效果如图 6-45 所示。

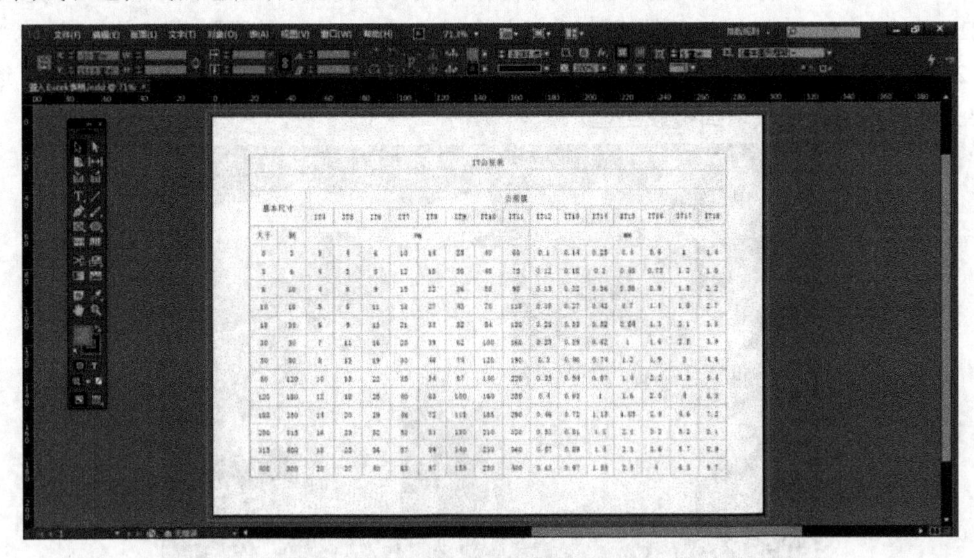

图 6-45　最终效果

第 7 章　图片的管理与编辑

InDesign CC 支持多种图像格式，可以方便地与多种应用软件协同工作，并通过内容收集器工具、链接面板、库面板来管理图像文件。通过本章的学习，读者可以掌握图像的置入、管理及编辑方法，从而高效、科学的进行版面设计工作。

7.1　三折页设计

宣传折页主要是指四色印刷机彩色印刷的单张彩页，一般是为扩大影响力而做的一种纸面宣传材料。折页有一折、二折、三折、四折、五折、六折等，特殊情况下，机器折不了的工艺，还可以加进手工折页。总页数不多，不方便装订时可以做成折页；为提高设计美化效果，或便于内容分类，也可以做小折页，如 16K 的三折页。三折页标准尺寸是大 16 开(210 mm × 285 mm)，三折后的成品尺寸是 95 cm × 210 cm。三折页一般选用 157 克、200 克、250 克、300 克铜版纸正反面彩色印刷完成，纸张较厚时折页的折线处容易开裂，通常需要上机器压痕处理或增加覆膜工艺。

图 7-1　风光三折页

如图 7-1 所示的风光三折页的制作步骤如下：

(1) 启动 InDesign CC，选择文件→打开，打开“三折页正面练习.indd”，如图 7-2 所示。

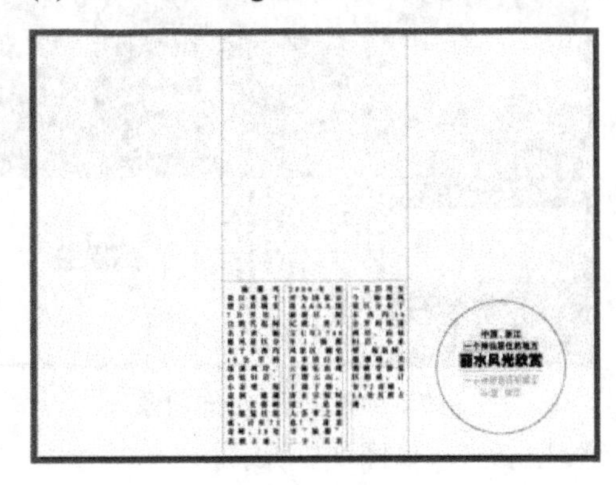

图 7-2　打开文件

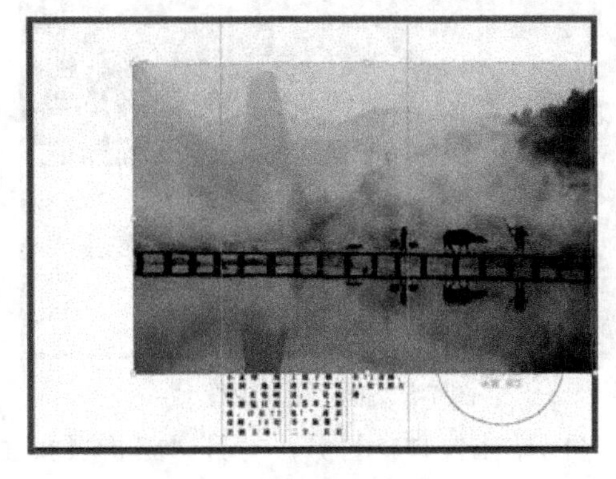

图 7-3　置入图像

(2) 点击文件→置入，选择“01.jpg”，单击页面空白处置入图像，如图 7-3 所示。选择选择工具，将鼠标放置在右下角角点处，当光标变为 ⤡ 时，按住 Ctrl + Shift 键拖曳图像角点等比例缩放图片，如图 7-4 所示。

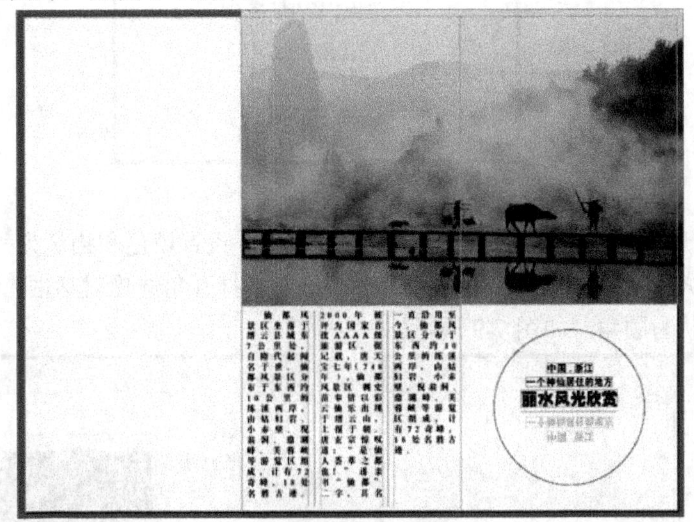

图 7-4　等比例缩放图像

(3) 点击文件→置入，按住 Shift 键连续选择“02.jpg”、“03.jpg”、“04.jpg”，单击“打开”按钮，在页面内拖曳置入图像，如图 7-5 所示。按住 Shift 键在页面内选中三个图像，单击窗口→对象和版面→对齐，打开对齐面板，单击“垂直居中分布”，完成三折页的正面制作，如图 7-6 所示。

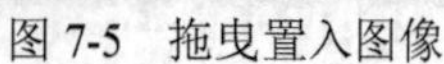

图 7-5　拖曳置入图像

图 7-6　垂直居中分布图像

(4) 单击文件→打开，打开“三折页背面练习.indd”，如图 7-7 所示。

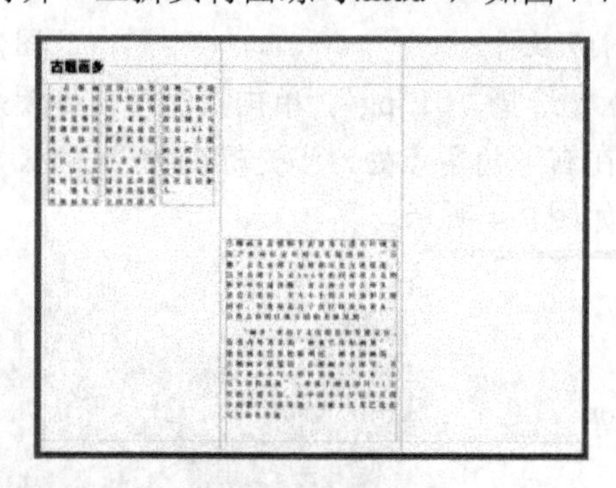

图 7-7　打开文件

(5) 选择矩形工具，在页面左下方拖曳绘制矩形，设置填色和描边为“应用无”，如图 7-8 所示。保持矩形为选中状态，单击对象→角选项，打开角选项对话框，设置转角大小为 5 mm，转角形状为圆角，如图 7-9 所示。

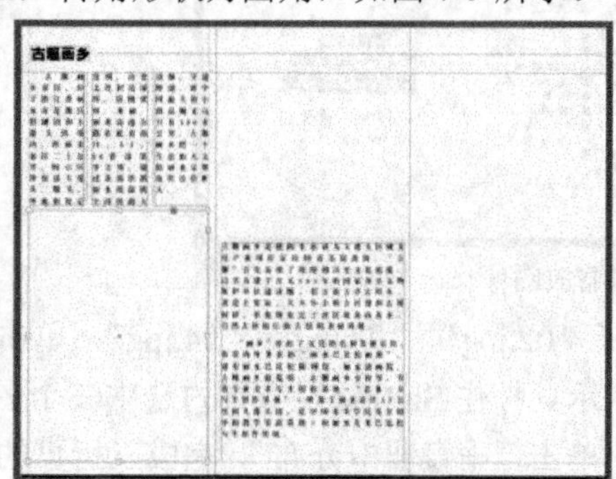

图 7-8　绘制矩形

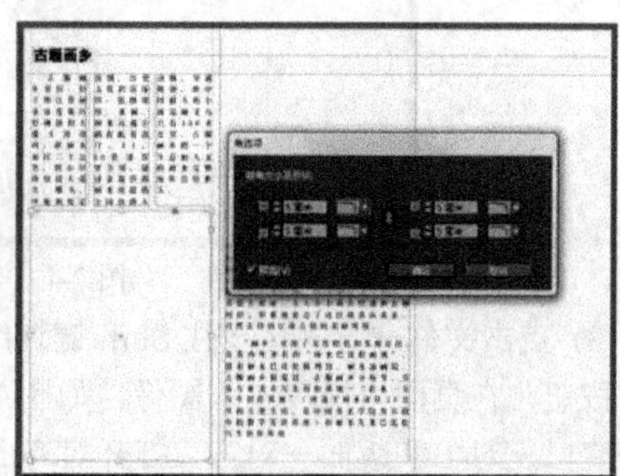

图 7-9　制作圆角矩形

(6) 单击文件→置入，选择“05.jpg”，单击“打开”按钮，在页面中单击圆角矩形置入图片。单击右键选择适合→按比例填充框架(Ctrl + Alt + Shift + C)，结果如图 7-10 所示。

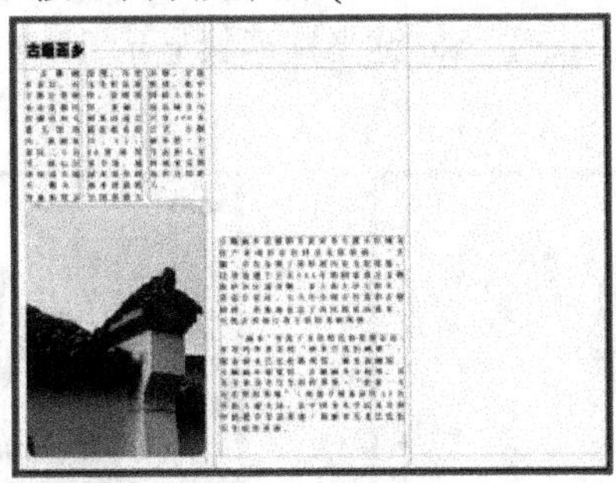

图 7-10　置入图像

(7) 按住 Shift 键绘制正圆形，设置填色和描边为“应用无”，如图 7-11 所示。

(8) 保持圆形为选中状态，单击窗口→文本绕排，打开文本绕排面板，设置绕排方式为“沿对象形状绕排”，绕排位移为 3 mm，如图 7-12 所示。

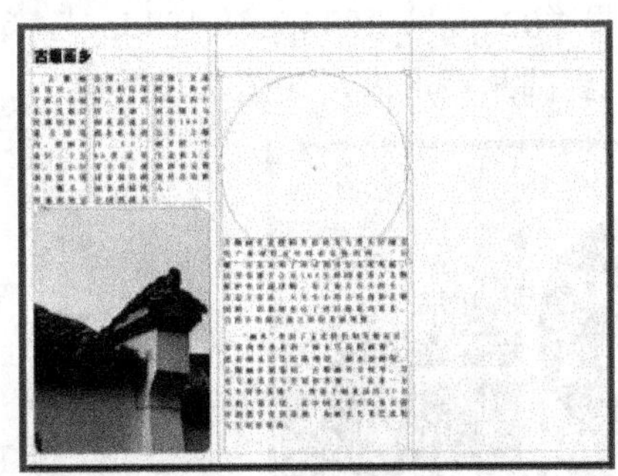

图 7-11　绘制圆形

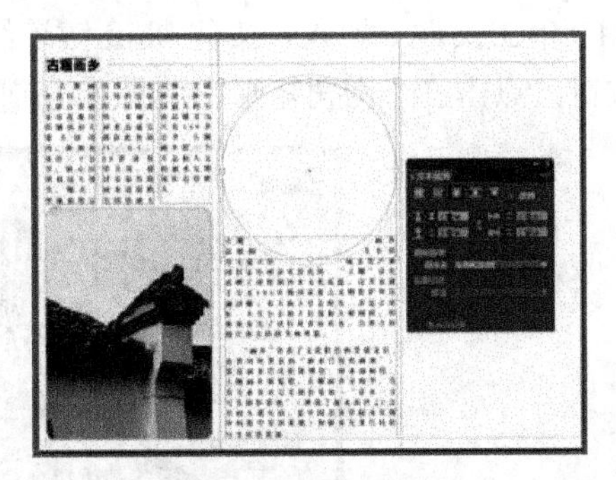

图 7-12　文本绕排

(9) 单击文件→置入，选择“06.jpg”，单击“打开”按钮，在页面中单击圆形置入图片。单击右键选择适合→按比例填充框架(Ctrl + Alt + Shift + C)，如图 7-13 所示。

图 7-13　置入图像

(10) 选择矩形工具，在页面右侧拖曳绘制矩形，设置填色和描边为“应用无”，点击对象→角选项，弹出角选项对话框，设置转角大小为 5 mm，转角形状为圆角，如图 7-14 所示。保持矩形为选中状态，按住 Alt 键光标形状显示为 向下拖曳并复制圆角矩形，如图 7-15 所示。

图 7-14　绘制圆角矩形

图 7-15　移动并复制圆角矩形

(11) 单击文件→置入，按住 Shift 键连续选择“02.jpg”、“03.jpg”、“04.jpg”，单击“打开”按钮，点击三个圆角矩形，将图像分别置入到圆角矩形内，如图 7-16 所示。

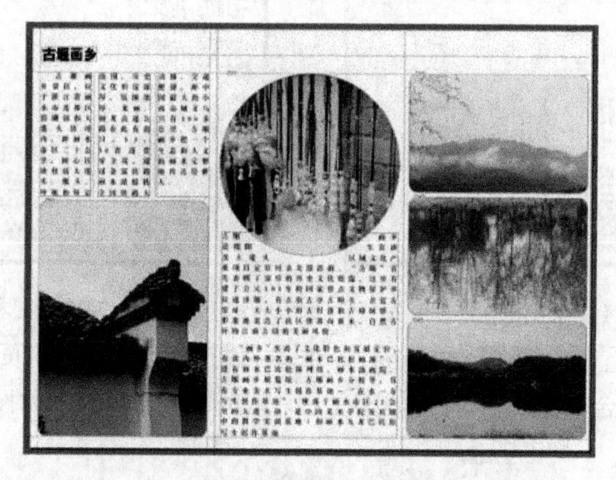

图 7-16　置入图像

★ **提示：**

裁剪图像

使用选择工具 单击图像，拖曳显示外框的任一手柄，可以对图像进行裁剪。按住 Shift 键可以保持原始比例拖曳框架。要对图像应用蒙版，需要使用选择工具选中图像，单击编辑→复制，选择空路径或小于对象的框架，然后选择编辑→贴入内部。

调整图像大小

按住 Ctrl 键可以调整图像大小，按住 Ctrl + Shift 键可以等比例缩放图像，然后按照版面位置利用选择工具对图像进行裁剪，同时可利用直接选择工具调整图像在框架内的显示部分。

移动图像

可用选择工具快速移动图像，也可在选择图像后利用上、下、左、右方向键对图像位置进行微调，按住 Shift + 方向键以光标键数值的 10 倍移动对象，按住 Ctrl + Shift + 方向键以光标键 1/10 移动对象。

7.2 画册设计

画册是一个展示平台，可以是企业，也可以是个人，都可以成为画册的拥有者。一本好的画册需要几个标准：① 企业文化与市场策略和产品特性整体体现；② 视觉美感；③ 画册设计前后连贯；④ 展示功能性(目的性)。画册是图文并茂的一种理想表达，相对于单一的文字或是图册，画册都有着无与伦比的绝对优势。因为画册够醒目，有相对精简的文字说明，能让人一目了然。

一般的画册常规的是大 16 开，即 210 mm × 285 mm，形状不限，也可以是正方形(250 mm × 250 mm 左右)，或根据客户要求定尺寸，但是画册的尺寸变化一定要在纸张开本的规律下。一般画册封面用 250 克铜版纸或哑粉纸过哑胶或光胶，内页采用 157 克铜版纸或哑粉纸。页数少时用骑马钉装订，页数较多时用锁线胶装。

图 7-17　旅游画册

如图 7-17 所示的旅游画册共 4 页内容，其制作步骤如下：

(1) 打开“画册素材\画册练习.indd”，弹出提示缺失链接的对话框，单击“确定”按钮打开画册。

(2) 单击窗口→链接，打开链接面板，找到带问号图标的图片，单击链接面板底部的“转至链接”按钮，找到页面中需要链接的图片，如图 7-18 所示。

图 7-18　转到链接

(3) 单击“重新链接”按钮或双击红色问号，找到“画册素材\xmy.jpg”，如图 7-19 所示。单击“打开”按钮，完成修复缺失链接的操作，如图 7-20 所示。

图 7-19　定位链接

图 7-20　修复链接

(4) 用同样的方法将“zc.jpg”，重新链接为“素材\gfc.jpg”，如图 7-21 和图 7-22 所示。

图 7-21　定位链接

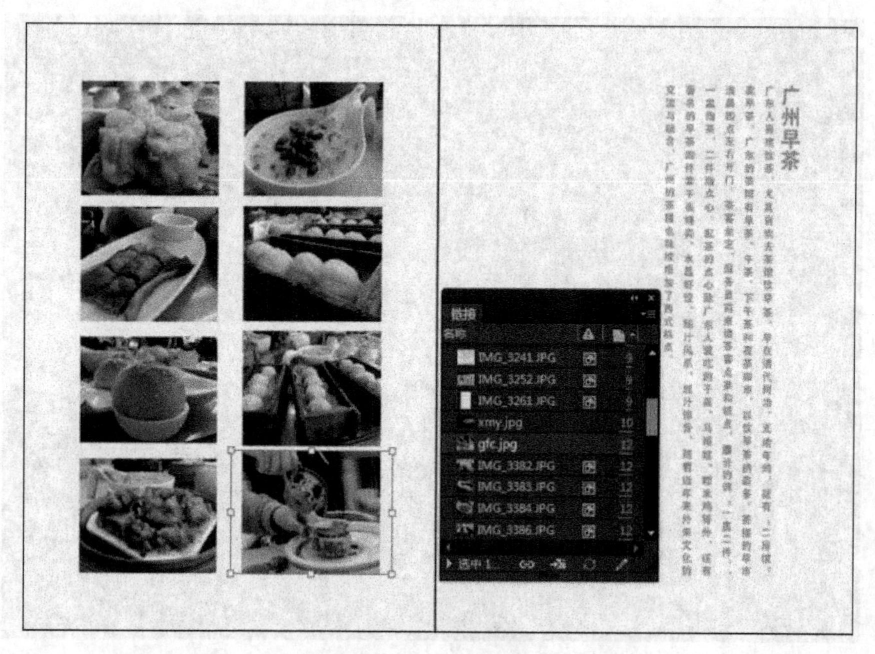

图 7-22　定位链接

(5) 单击窗口→页面，打开页面面板，双击第 27 页，使其显示在当前窗口，如图 7-23 所示。

图 7-23　定位页面

(6) 单击文件→置入，按住 Shift 键连续选择“gly02.JPG”、“gly03.JPG”、“gly04.JPG”、“gly05.JPG”，单击“打开”按钮，在没有单击页面的前提下，在页面 27 中按住 Ctrl + Shift 键使鼠标显示为，拖曳鼠标按页面大小画一个选框，如图 7-24 所示。

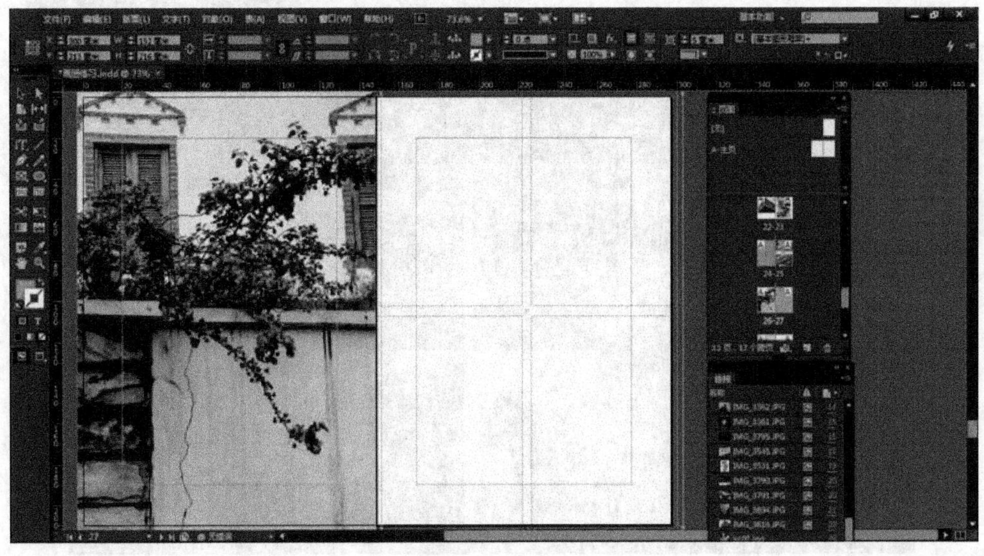

图 7-24　绘制选框

★ **提示：**

绘制选框后，不松开鼠标，按上、右方向键可以增加选框的行和列，按下、左方向键可以删减选框的行和列。

(7) 松开鼠标，将图片按照网格位置置入如图 7-25 所示的页面中，保持图像为选中状态，单击右键选择适合→按比例填充框架，如图 7-26 和图 7-27 所示。

图 7-25　置入图片

图 7-26　按比例填充框架

图 7-27　按比例填充框架效果

★ **提示：**

按比例填充框架：图像按长宽比例填满框架，超出的图像部分将被裁掉。

按比例适合内容：保持图像的长宽比不变，调整图像的大小使之适合框架。

使框架适合内容：图像的大小不变，调整框架的大小使之适合图像。

使图像适合框架：调整图像的大小使之长宽比与框架的长宽比完全一样。

内容居中：图像的中心与框架的中心重合。

(8) 在页面面板中双击第 29 页，使其显示在当前窗口，如图 7-28 所示。用同样的方法将图像“xd01.jpg”、“xd02.jpg”、“xd03.jpg”、“xd04.jpg”、“xd05.jpg”、“xd06.jpg”置入到第 27 页内，如图 7-29 所示。

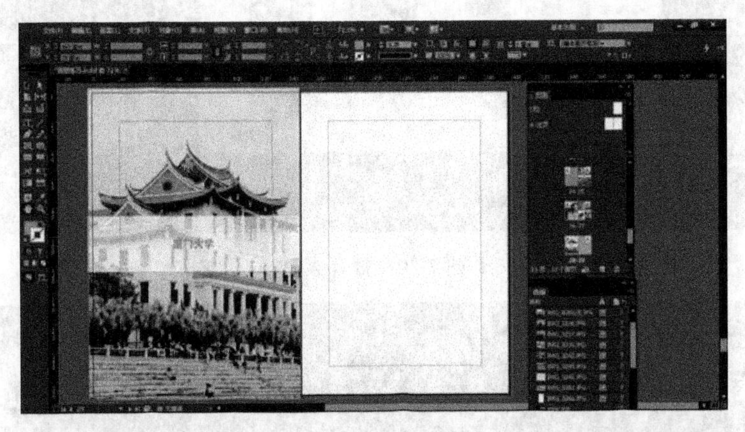

图 7-28　定位页面

图 7-29　置入图像

(9) 利用 Photoshop 软件打开素材“fz01.jpg”，如图 7-30 所示。利用裁剪工具对“fz01.jpg”执行裁剪操作，如图 7-31 所示。

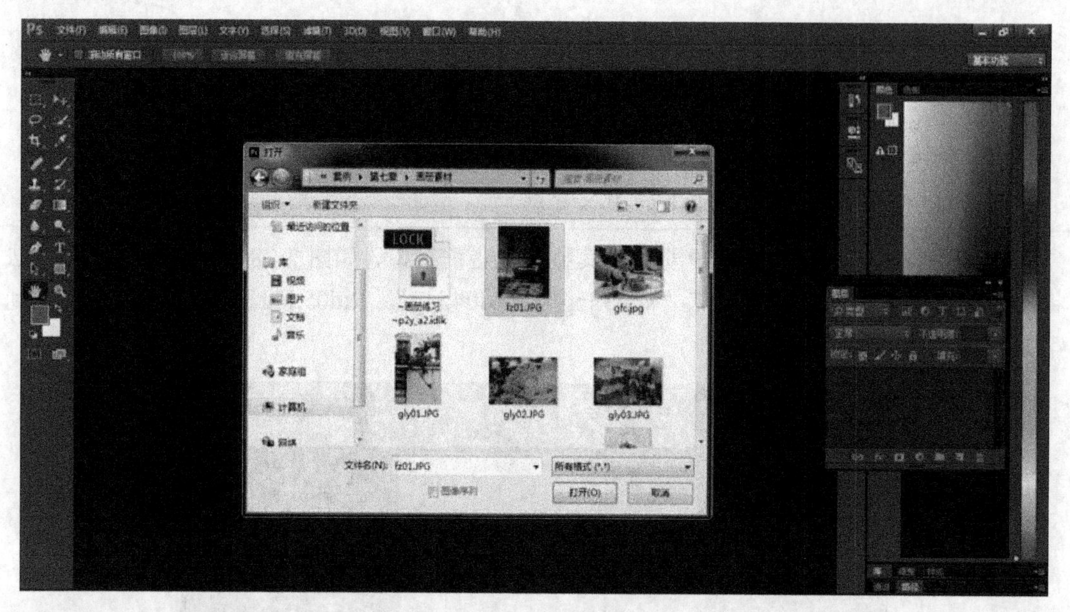

图 7-30　打开素材

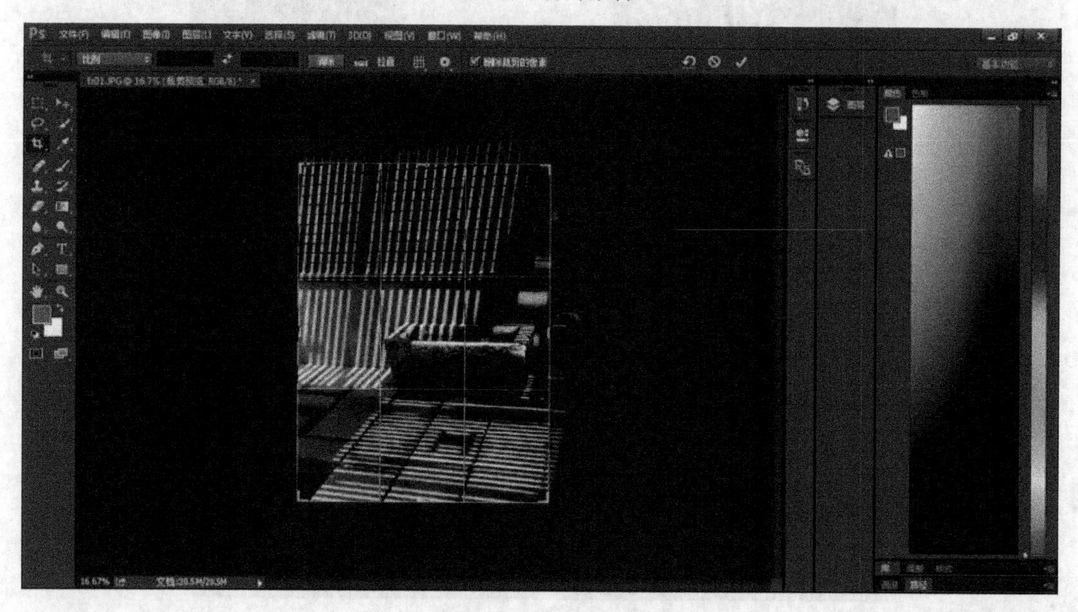

图 7-31　裁剪图像

(10) 保存在 Photoshop 中打开并编辑的图像，回到 InDesign CC 中，可以看到链接面板中出现“已修改，双击以更新”的提示符号，如图 7-32 所示，双击更新链接或单击链接面板下方的“更新链接”按钮以更新链接图像，如图 7-33 所示。

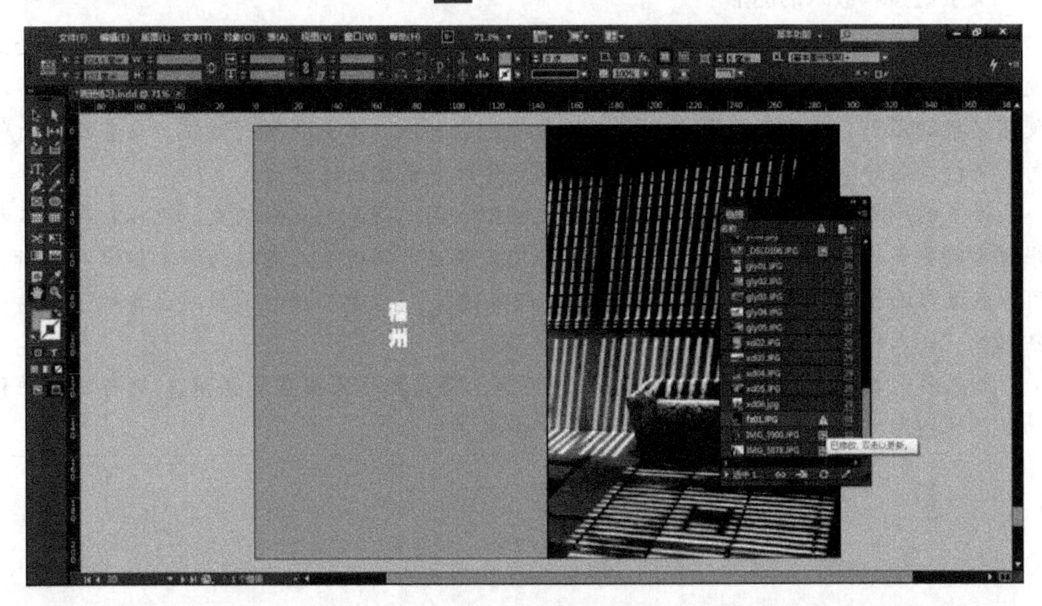

图 7-32　已修改链接

图 7-33　更新链接

★ 提示：

关于链接和嵌入的图形

链接的图稿虽然连接到文档，但仍与文档保持独立，因而得到的文档较小。可以使用变换工具和效果来修改链接的图稿；但是，不能在图稿中选择和编辑单个组件。可以多次使用链接的图形，而不会显著增加文档的大小；也可以一次更新所有链接。当导出或打印时，将检索原始图形，并按照原始图形的完全分辨率创建最终输出。

嵌入的图稿将按照完全分辨率复制到文档中，因而得到的文档较大。可以控制版本和根据需要更新文件；一旦嵌入了图稿，文档便必须自行实现嵌入图稿的版本控制和更新。可以在链接面板选中图稿后单击右键选择“嵌入链接”，或单击链接面板右上角的下三角按钮选择“嵌入链接”将对像嵌入到文档中。

如果将文档移动到其他文件夹或磁盘(例如，将它提供给服务提供商)，则务必一并移动链接的图形文件，这些图形并未存储在文档内。

第8章 页面编排

页面编排是出版物制作时常用的操作，本章主要通过案例学习页面、跨页、主页的概念以及页码、章节页码的设置和页面面板的使用方法，从而使读者可以快捷、高效地编排页面。

8.1 杂志封面设计

杂志封面设计是刊物的“门面”，同时也是作用于读者的第一视觉感观，又是刊物展示自身形象和风貌的窗口。在浩如烟海的杂志市场中脱颖而出的，必定是那些有着优秀的封面设计且内容精良的刊物。封面设计一方面要有丰富和精致的选题，另一方面要重视文字在杂志封面设计中的作用，使杂志的特性与品位、封面与文章内容珠联璧合、相辅相成，从而达到吸引读者、促进销售的目的。

图 8-1 杂志封面

如图 8-1 所示的杂志封面的制作步骤如下：

(1) 启动 InDesign CC，选择文件→新建→文档，设置页数为 2，起始页码为 2，宽度为 210 mm，高度为 285 mm，上、下、左、右出血为 3 mm，勾选“对页”，点击“边距和分栏”，设置上、下、左、右边距为 0，如图 8-2 和图 8-3 所示，点击“确定”按钮新建空白文档。

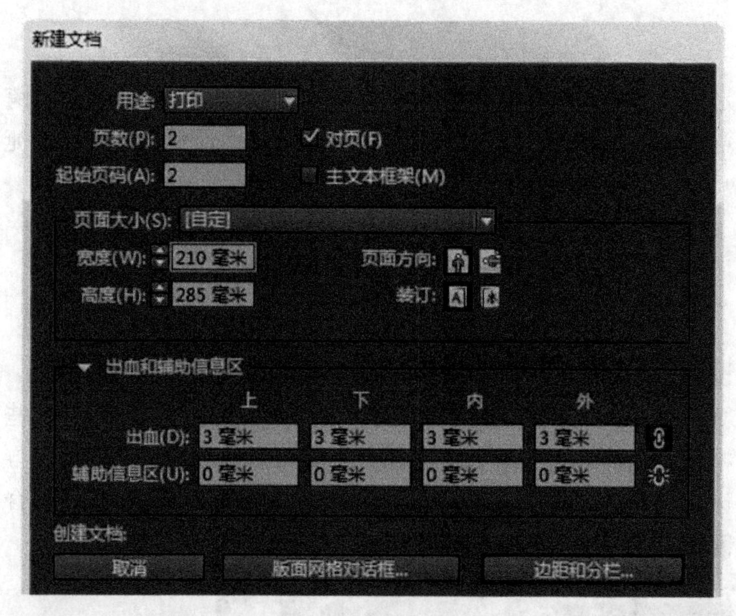

图 8-2　新建文档

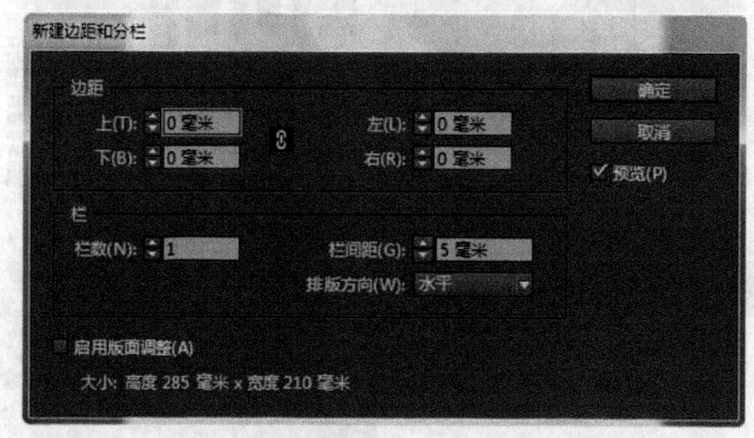

图 8-3　新建边距和分栏

(2) 单击文件→置入，选择“01.jpg”，单击“打开”按钮，拖曳鼠标置入图像，如图

8-4 所示。选中选择工具，将光标移至图像右边缘裁剪图像，如图 8-5 所示。

(3) 选中文字工具，拖曳绘制文本框并输入“Living”，设置字体为 Poplar Std，字号为 150 点，颜色为(49，100，100，26)，如图 8-6 所示。

图 8-4 置入图像

图 8-5 裁剪图像

图 8-6 输入文字

(4) 选中文字工具，拖曳绘制文本框并输入“summer homes”，设置字体为 Vijaya，字号为 80 点，行距为 50 点，颜色为 K100。拖曳绘制文本框并输入“From beach house cool to urban glamour”，设置字体为 Vani，字号为 21 点，行距为 21 点，颜色为 K100。拖曳绘制文本框并输入“NEW DECORATING IDEAS WITH STRIPES，IKATS AND VIOLET HUES”，设置字体为 Arial，字号为 21 点，行距为 21 点，颜色为 K100。拖曳绘制文本框并输入“PLUS”，设置字体为 Arial，字号为 22 点，颜色为 K100。拖曳绘制文本框并输入“8BEDROOM LOOKS 50BRILLIANT BUYS”，设置字体为 Arial，字号为 21 点，颜色为(47，98，100，20)。结果

如图 8-7 所示。

图 8-7　输入文字

(5) 选中文字工具，拖曳绘制文本框并输入“15% OFF AT GRAHAM &GREEN”，设置字体为 Arial，字号为 22 点，行距为 22 点，颜色为(47，98，100，20)，段落对齐方式为右对齐。拖曳绘制文本框并输入“DESIGN FILES”，设置字体为 Arial，字号为 22 点，颜色为 K100。拖曳绘制文本框并分别输入“SHOWER ROOMS”、“WINDOW TREATMENTS”、“OUTDOOR FLOORING”，设置字体为 Arial，字号为 21 点，行距为 23 点，颜色为 K100，段落对齐方式为右对齐，设置“ROOMS”和“TREATMENTS”段后间距为 2 mm。结果如图 8-8 所示。

图 8-8　输入文字

(6) 单击文件→置入，选择“02.jpg”，单击“打开”按钮，拖曳鼠标置入图像，如图8-9所示。

图 8-9　置入图片

(7) 选中文字工具，拖曳绘制文本框并输入“Sliding DOORS”，设置字体为 Vani，字号为 60 点，行距为 22 点，颜色为 K100。拖曳绘制文本框并输入“Not just a winning feature of Agge and tony's pure-white villa sliding door moments also sum up the story of their home-and their life”，设置字体为 Vijaya，字号为 19 点，行距为 19 点，颜色为 K100，段落对齐方式为右对齐。结果如图 8-10 所示。

图 8-10　输入文字

(8) 选中矩形工具，拖曳绘制矩形，填充颜色为(49，100，100，26)，如图 8-11 所示。

图 8-11 绘制图形

(9) 选中文字工具，拖曳文本框并分别输入“HOMES”、“DECORATING”、“SHOPPING”、“DESIGN”、“ENTERTAINING”、“LIFESTYLE”。按住 Shift 键单击文本框将其全部选中，单击水平居中分布按钮，如图 8-12 所示。

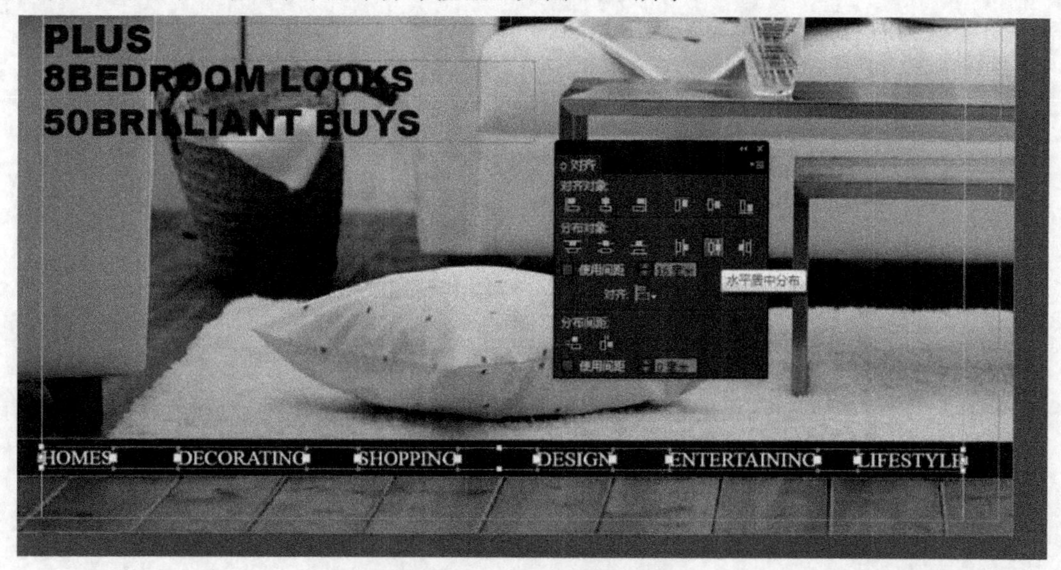

图 8-12 输入文字并分布文本框

(10) 选中矩形工具绘制 5 个小矩形，填充颜色为 K100，如图 8-13 所示。封面的最终效果如图 8-1 所示。

图 8-13　绘制图形

8.2　家居画册设计

如图 8-14 所示的家居画册的制作步骤如下：

(1) 启动 InDesign CC，选择文件→新建→文档，设置页数为 13，宽度为 210 mm，高度为 285 mm，上、下、左、右出血为 3 mm，点击“边距和分栏”，设置上边距为 45 mm、下边距为 20 mm、内边距为 10 mm、外边距为 20 mm，如图 8-15 和图 8-16 所示，点击“确定”按钮新建空白文档。

(2) 单击窗口→页面，打开页面面板，按住 Shift 键选中第 2 页至第 13 页，如图 8-17 所示。单击页面面板右上方的下三角按钮，在弹出的菜单中取消选择“允许选定的跨页随机排布”，如图 8-18 所示，则页面面板将发生变化，如图 8-19 所示。在页面面板选中第 1 页，单击删除选中页面按钮，页面面板重新排列页面，如图 8-20 所示。

Chinoiserie Collection
宝玉系列

Chinoiserie Collection

Chinoiserie Collection
宝玉系列

Knight manor Collection
骑士庄园系列

Knight manor Collection
骑士庄园系列

Knight manor Collection
骑士庄园系列

图 8-14　家居画册

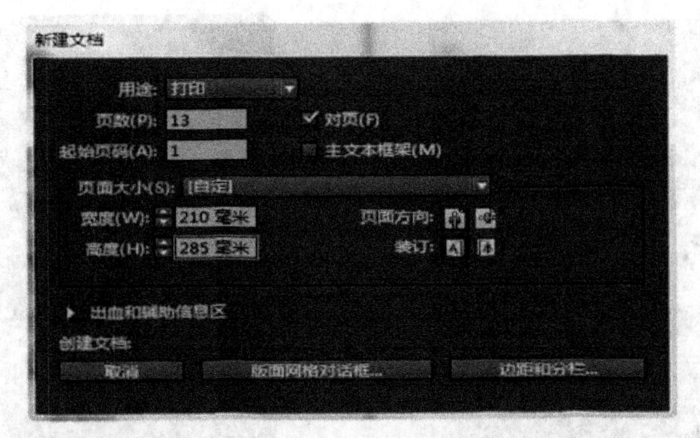

图 8-15　新建文档

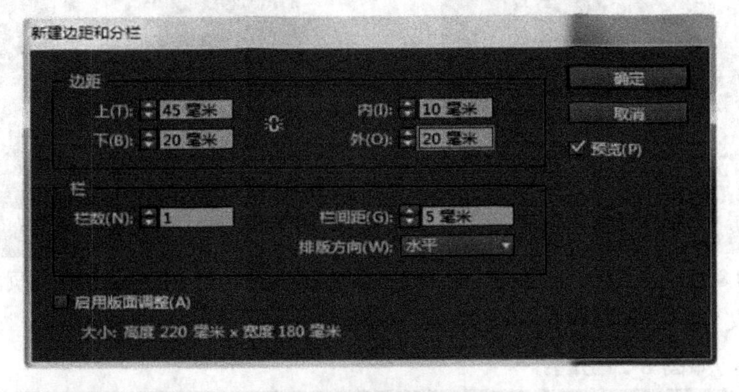

图 8-16　新建边距和分栏

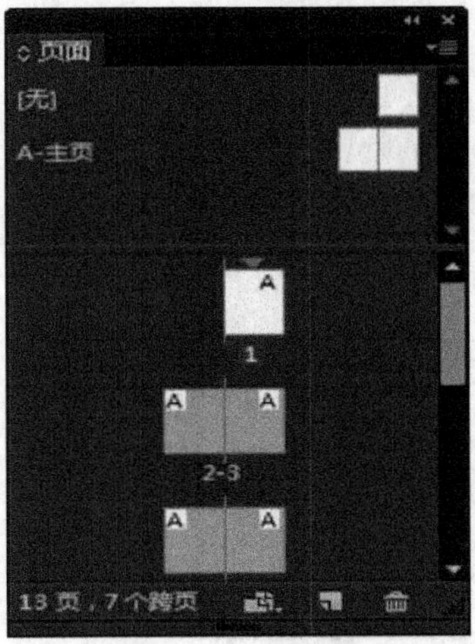

图 8-17　选择页面

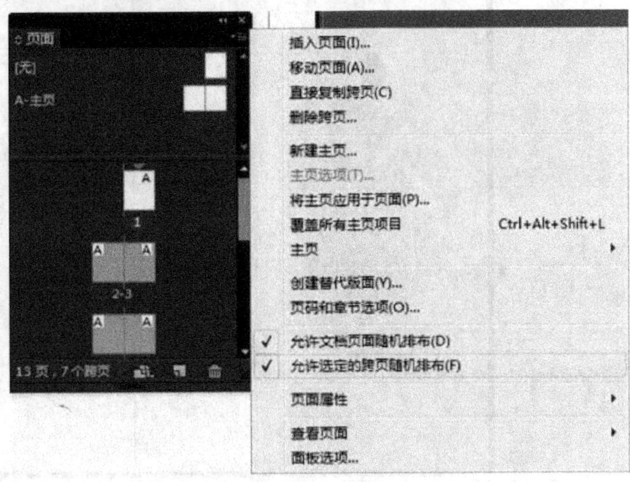

图 8-18　取消选择

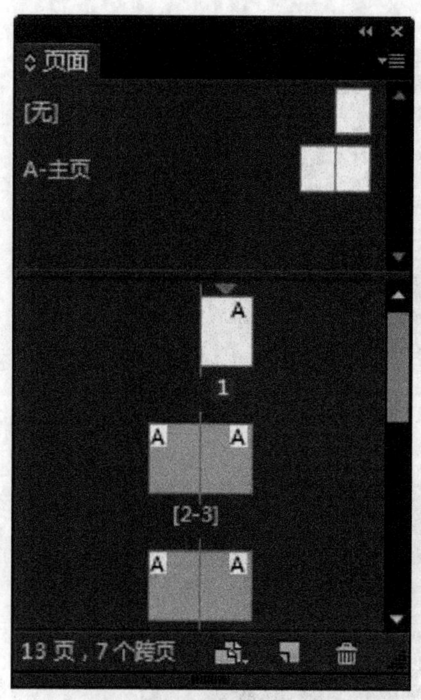

图 8-19　页面面板变化

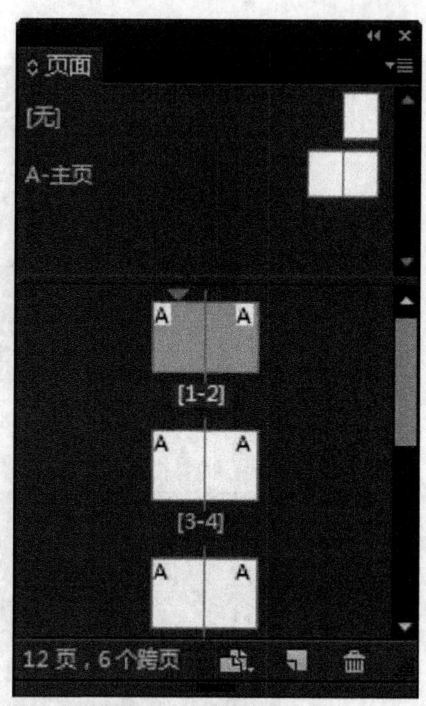

图 8-20　重新排列页面

(3) 单击文件→置入，分别将“byxl01.png”、“byxl02.png”、“byxl03.jpg”、“byxl04.png”置入到页面内，如图 8-21 所示。

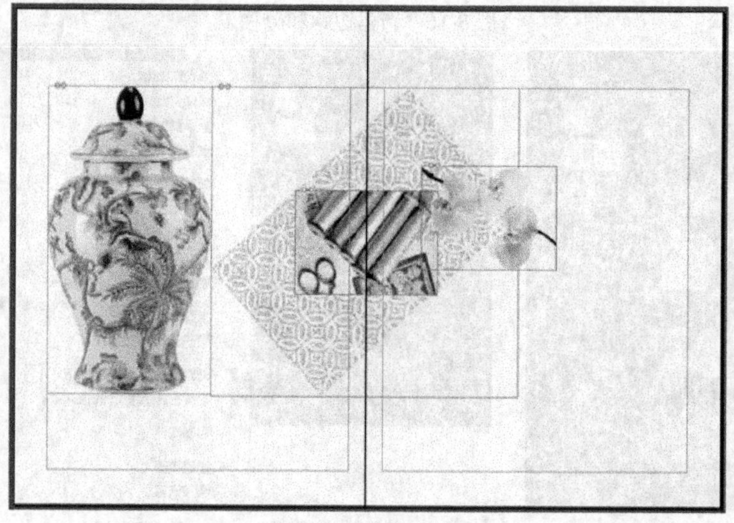

图 8-21　置入图像

(4) 选择矩形工具绘制矩形，设置填充色为无，描边为黑色，色调为 30%，描边粗细为 3 点，如图 8-22 所示。

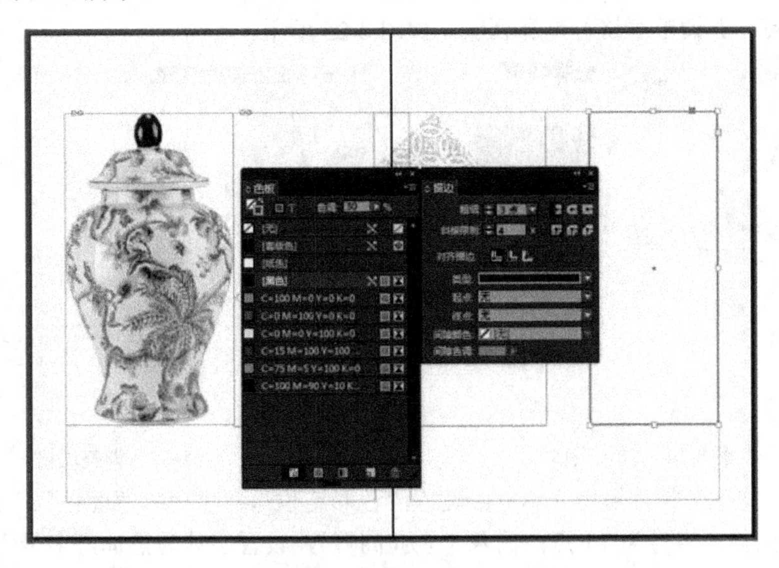

图 8-22　绘制矩形

(5) 单击文件→置入，分别将“byxl05.jpg”、“byxl06.jpg”、“byxl07.jpg”、“byxl08.jpg”置入到页面内，如图 8-23 所示。

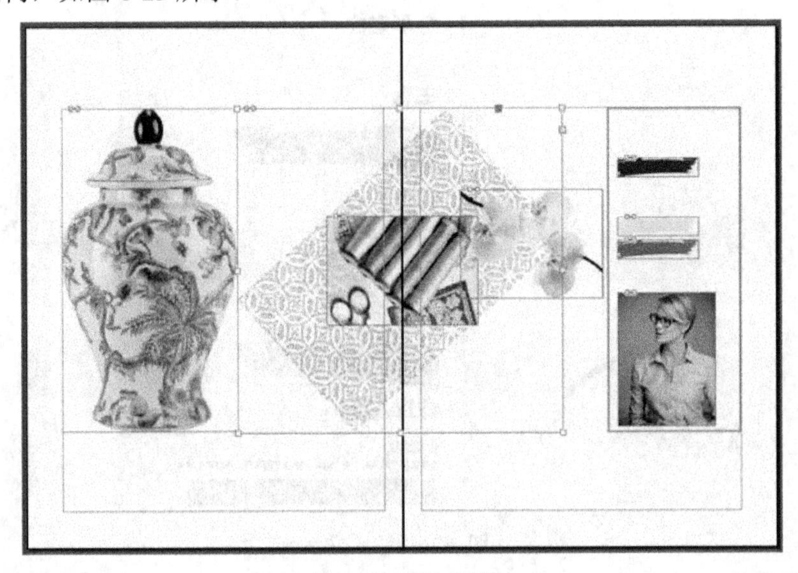

图 8-23　置入图像

(6) 单击文件→置入，选择“产品名称 01.doc”，单击页面将 Word 表格置入当前文档中，如图 8-24 所示。全选表格中的文字，设置字号为 6 点，文本垂直居中对齐，表格描边粗细为 0.5 点，并调整表格行高和列宽，如图 8-25 所示。

图 8-24　置入表格　　　　图 8-25　调整表格

(7) 选择文字工具，拖曳文本框并输入“色彩定位”、“主色”、“配色”、“适应人群”，设置字体为黑体，字号为 14 点；输入“企业高管”，设置字体为黑体，字号为 8 点；输入“喜欢优雅有品位的生活，追求象征身份的高贵、典雅的生活方式。”，设置字体为宋体，字号为 6 点。结果如图 8-26 所示。

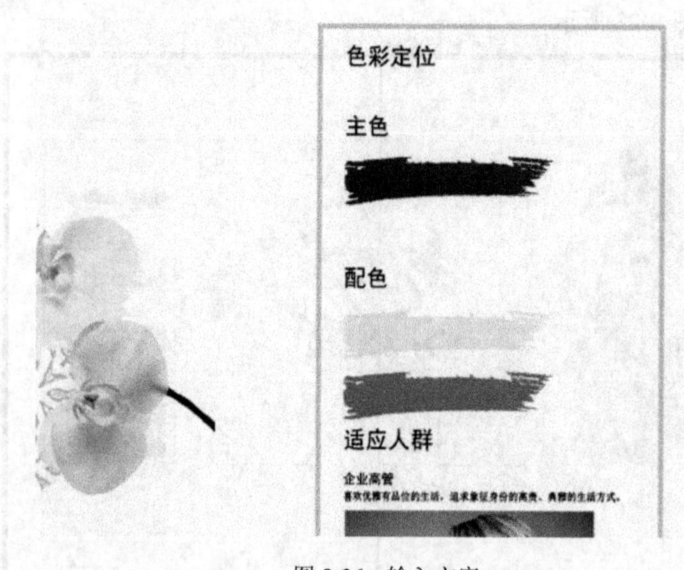

图 8-26　输入文字

(8) 在页面面板中双击“3-4”页，使“3-4”跨页显示在当前窗口，如图 8-27 所示。

图 8-27　双击显示跨页

(9) 单击文件→置入，选择“byxl09.jpg”，单击置入当前页面，如图 8-28 所示。

(10) 在页面面板中双击“5-6”页，使“5-6”跨页显示在当前窗口，单击文件→置入，分别将“byxl10.jpg”、“byxl11.jpg”、“byxl12.jpg”、“byxl13.jpg”置入到页面内，如图 8-29 所示。

图 8-28　置入图像

图 8-29　置入图像

(11) 单击文件→置入，选择“Livingroom01.doc”，点击页面空白处，将文字信息置入到当前页面。选中“Living room”，设置字体为 Arial，字号为 8 点，行距为 10 点；选中其余文字，设置字体为黑体，字号为 6 点，行距为 8 点。结果如图 8-30 所示。

Living room
色彩： 庄重典雅的蓝色在在米、白、咖的调和下更显优雅。
面料： 绒布与丝光面料的完美结合，让视觉和触感上拥有双重享受。
家具： 流畅的线条，在精致的雕刻下，时尚而高雅，咖色中点缀暗金色涂装，完美展现尊贵与经典。
配饰： 陶瓷饰品、骨瓷茶具以及水晶带铜的台灯都在散发着贵族的气息。

图 8-30　置入文字

(12) 在页面面板中双击“7-8”页，使“7-8”跨页显示在当前窗口，单击文件→置入，分别将“qsxl01.jpg”、“qsxl02.jpg”、“qsxl03.jpg”、“qsxl04.png”、“qsxl05.png”、“qsxl06.png”、“qsxl07.jpg”置入到页面内，如图 8-31 所示。

(13) 选择矩形工具绘制矩形，设置填充色为无，描边为黑色，色调为 30%，描边粗细为 3 点，如图 8-32 所示。

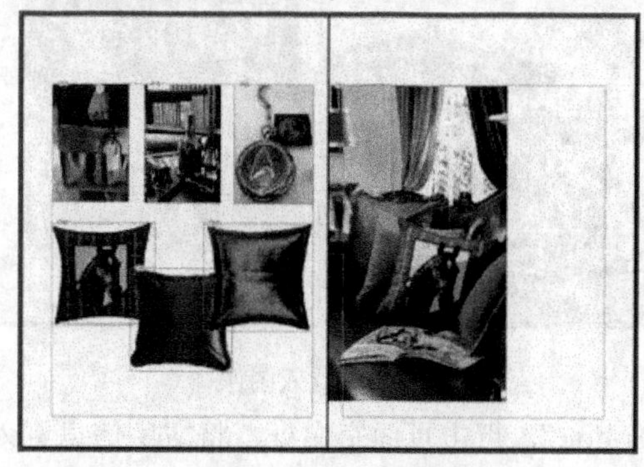

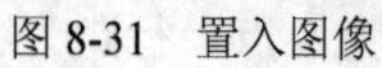

图 8-31　置入图像

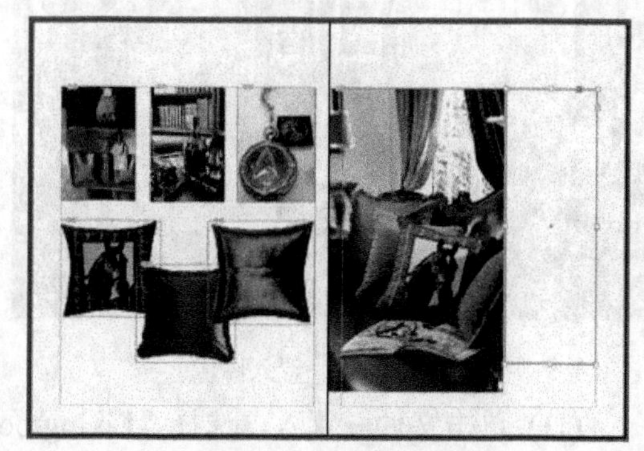

图 8-32　绘制矩形

(14) 单击文件→置入，分别将“qsxl08.jpg”、“qsxl09.jpg”、“qsxl10.jpg”、“qsxl11.jpg”

置入到页面内，如图 8-33 所示。

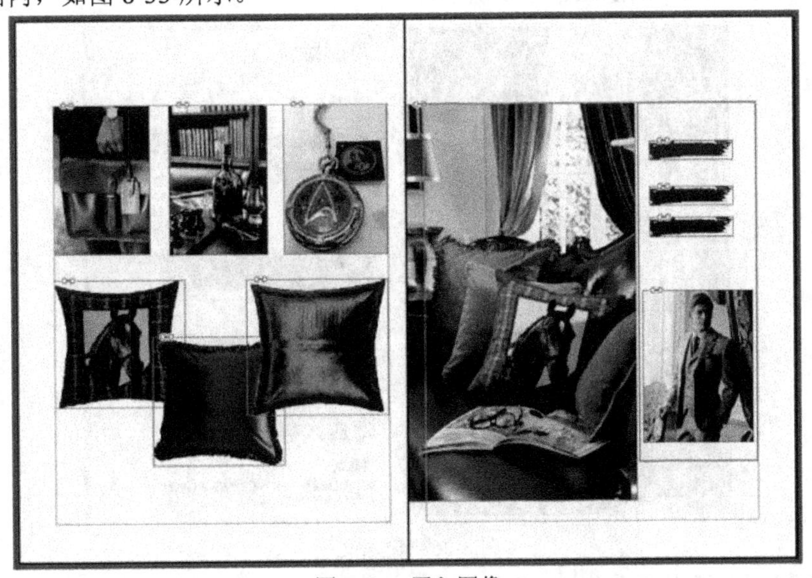

图 8-33　置入图像

(15) 单击文件→置入，选择“产品名称 02.doc”，单击页面将 Word 表格置入当前文档中，如图 8-34 所示。全选表格中的文字，设置字号为 6 点，文本垂直居中对齐，表格描边粗细为 0.5 点，并调整表格行高和列宽，如图 8-35 所示。

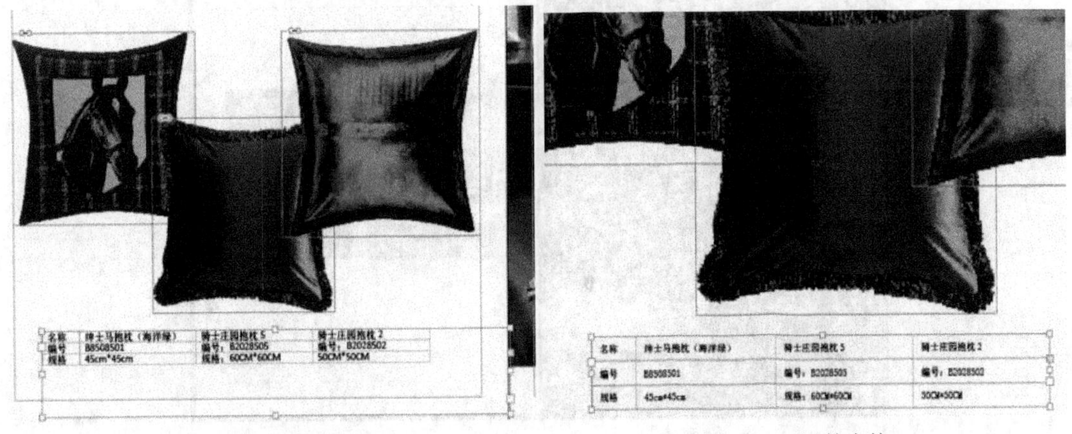

图 8-34　置入表格　　　　图 8-35　调整表格

(16) 选择文字工具，拖曳文本框输入“色彩定位”、“主色”、“配色”、“适应人群”，设置字体为黑体，字号为 14 点；输入“经融家”，设置字体为黑体，字号为 8 点；输入“喜欢沉稳的配色，尊享的人生态度，崇尚骑士精神，热爱成熟稳重的生活方式。”，设置字体为宋体，字号为 6 点。结果如图 8-36 所示。

图 8-36 输入文字

(17) 在页面面板中双击“9-10”页，使“9-10”跨页显示在当前窗口，单击文件→置入，分别将“qsxl12.jpg”、“qsxl13.jpg”、“qsxl14.jpg”置入到页面内，如图 8-37 所示。

图 8-37 置入图像

(18) 单击文件→置入，选择“Livingroom02.doc”，点击页面空白处将文字信息置入到当前页面。选中“Living room”，设置字体为 Arial，字号为 8 点，行距为 10 点；选中其余文字，设置字体为黑体，字号为 6 点，行距为 8 点。结果如图 8-38 所示。

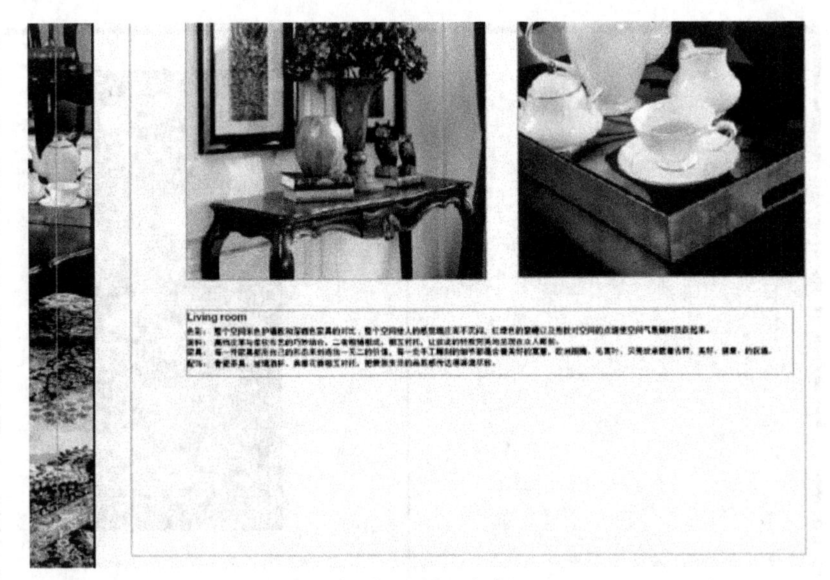

图 8-38　置入文字

(19) 参考步骤(17)和步骤(18)完成“11-12”页的设置，如图 8-39 所示。

图 8-39　“11-12”页效果

(20) 单击窗口→页面，打开页面面板，双击“A-主页”使“A-主页”显示在当前窗口，如图 8-40 所示。

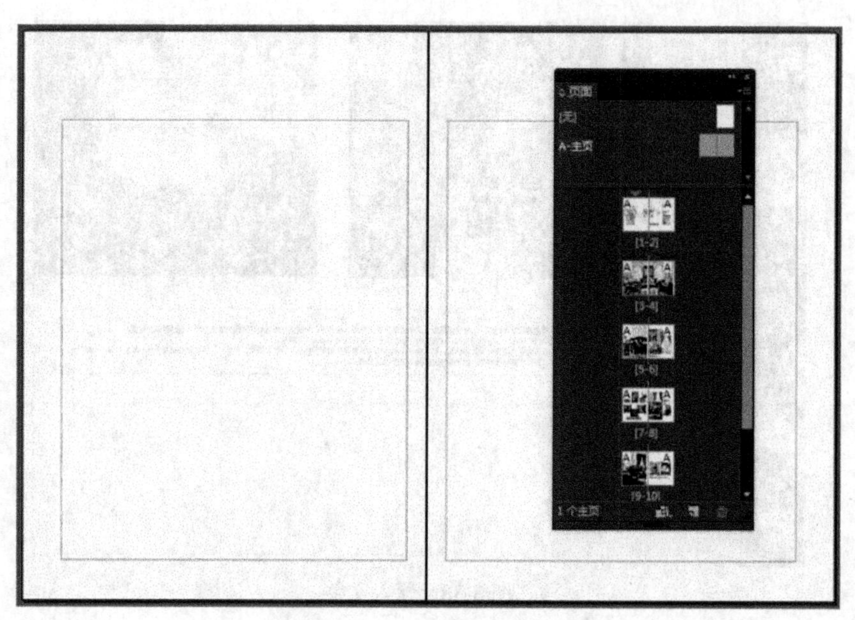

图 8-40　显示“A-主页”

(21) 单击窗口→图层，打开图层面板，单击“创建新图层”按钮创建图层 2，如图 8-41 所示。

图 8-41　创建新图层

(22) 选择文字工具，在 A 主页左下方拖曳绘制文本框，如图 8-42 所示。选择文字工具，将光标放在文本框内，单击文字→插入特殊字符→当前页码，如图 8-43 所示，在文本框中添加自动页码，如图 8-44 所示。用同样的方法在 A 主页右下方添加自动页码，如图 8-45 所示。用文字工具分别选中 A 主页的左右两个页码，设置字体为 Times New Roman，字号为 18 点。

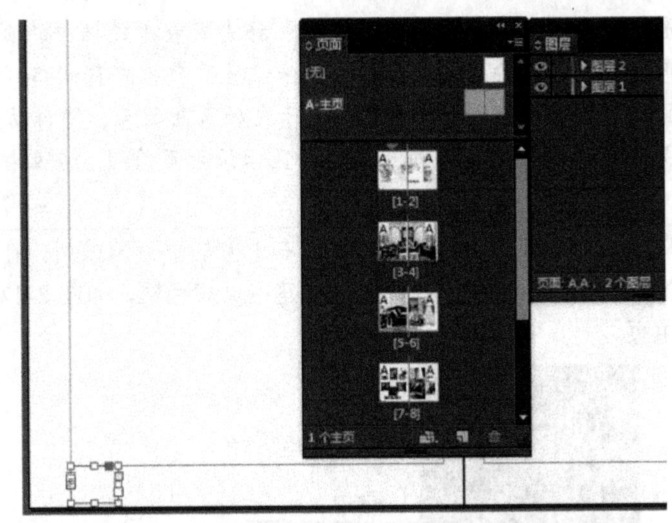

图 8-42　拖曳绘制文本框

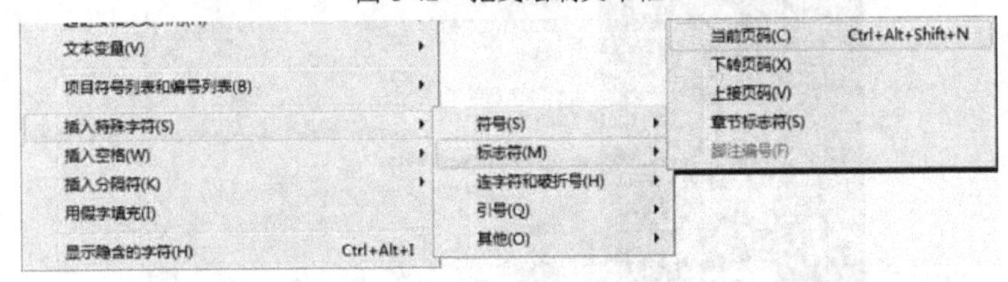

图 8-43　插入页码

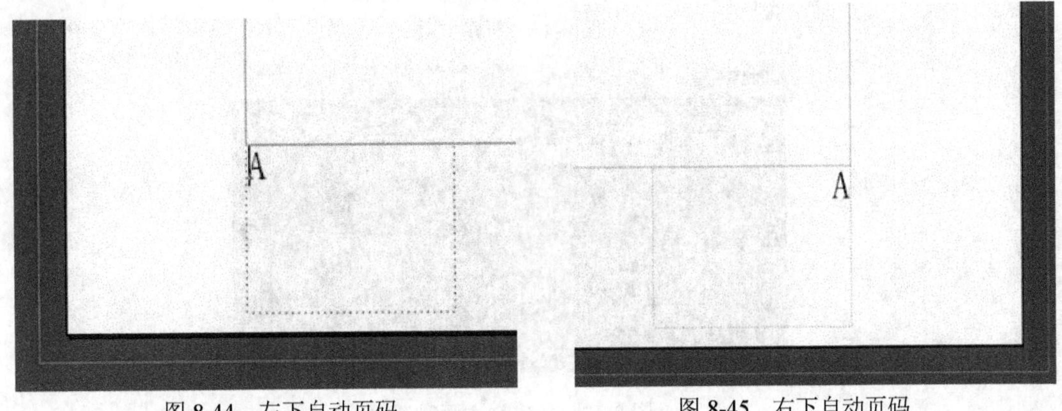

图 8-44　左下自动页码　　　　图 8-45　右下自动页码

★ 提示：

可以向页面添加一个当前页码标志符，以指定页码在页面上的显示位置和显示方式。由于页码标志符是自动更新的，因此即使在添加、移去或重排文档中的页面时，文档所显示的页码始终是正确的。可以按处理文本的方式来设置页码标志符的格式和样式。

页码标志符通常会添加到主页。将主页应用于文档页面之后，将自动更新页码(类似于页眉和页脚)。如果自动页码出现在主页上，它将显示该主页前缀。在文档页面上，自动页码将显示页码。

(23) 单击窗口→页面，打开页面面板，单击右上方的下三角按钮，在弹出的菜单中选择“新建主页”命令，如图 8-46 所示。弹出的新建主页对话框，如图 8-47 所示，单击“确定”按钮新建 B 主页。

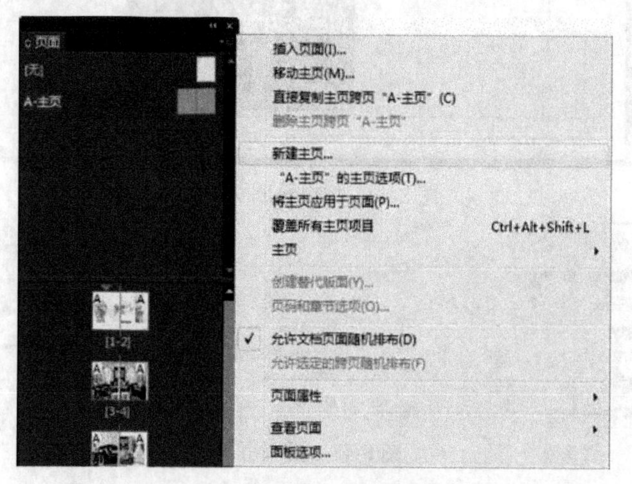

图 8-46　新建主页

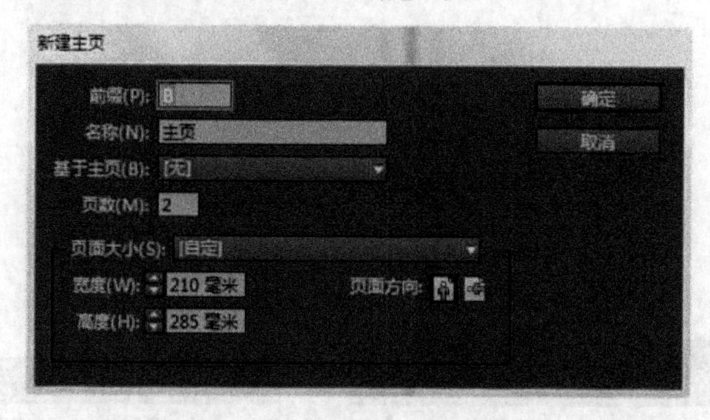

图 8-47　新建 B 主页对话框

(24) 选择图层 2，用文字工具在 B 主页左上方拖曳绘制文本框，如图 8-48 所示。输入文字“Chinoiserie Collection”，设置字体为 Times New Roman，字号为 24 点，颜色为(90，75，20，0)；换行输入文字“宝玉系列”，设置字体为黑体，字号为 18 点，颜色为(90，75，20，0)，如图 8-49 所示。按住 Alt 键拖曳并复制文本框至 B 主页右上方，并设置段落对齐方式为右对齐，如图 8-50 所示。参考步骤(22)在 B 主页添加自动页码，如图 8-51 所示。

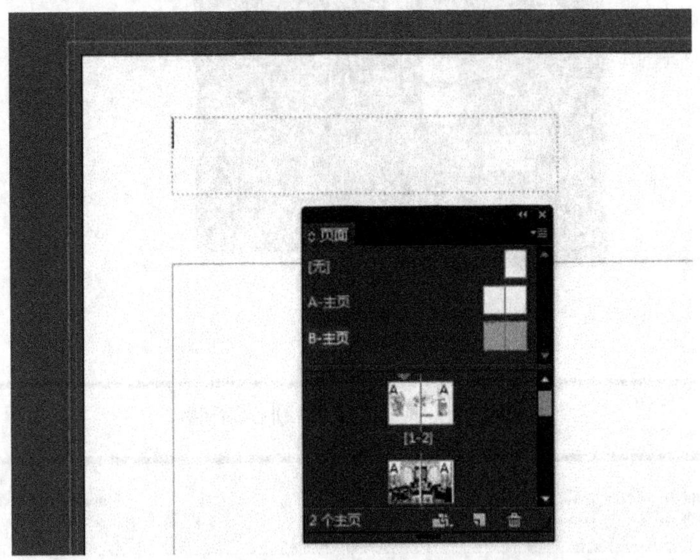

图 8-48　拖曳绘制文本框

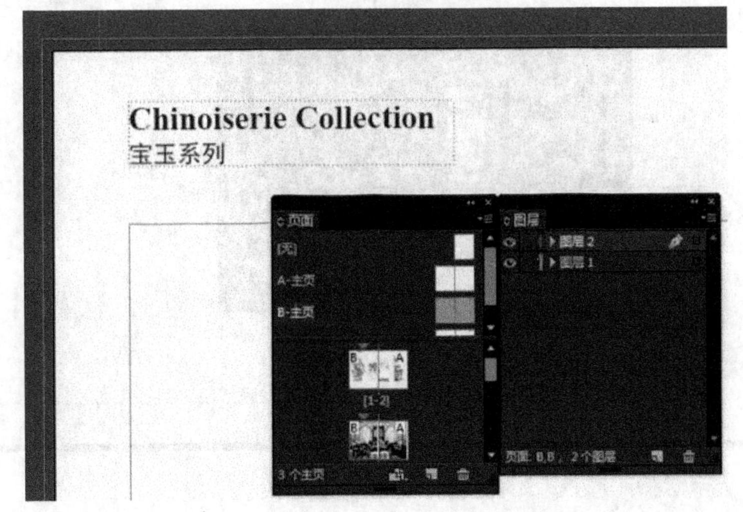

图 8-49　输入文字

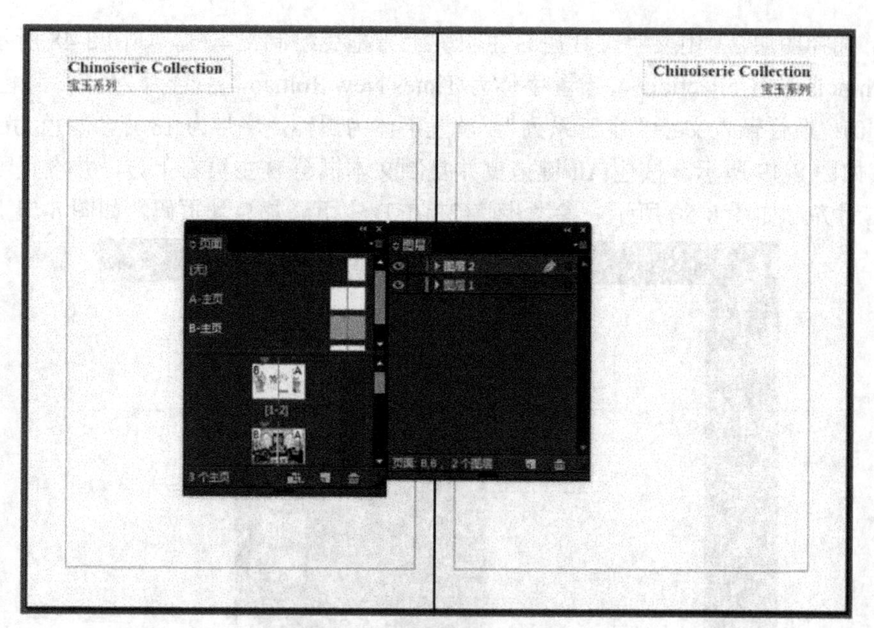

图 8-50　拖曳并复制绘制文本框

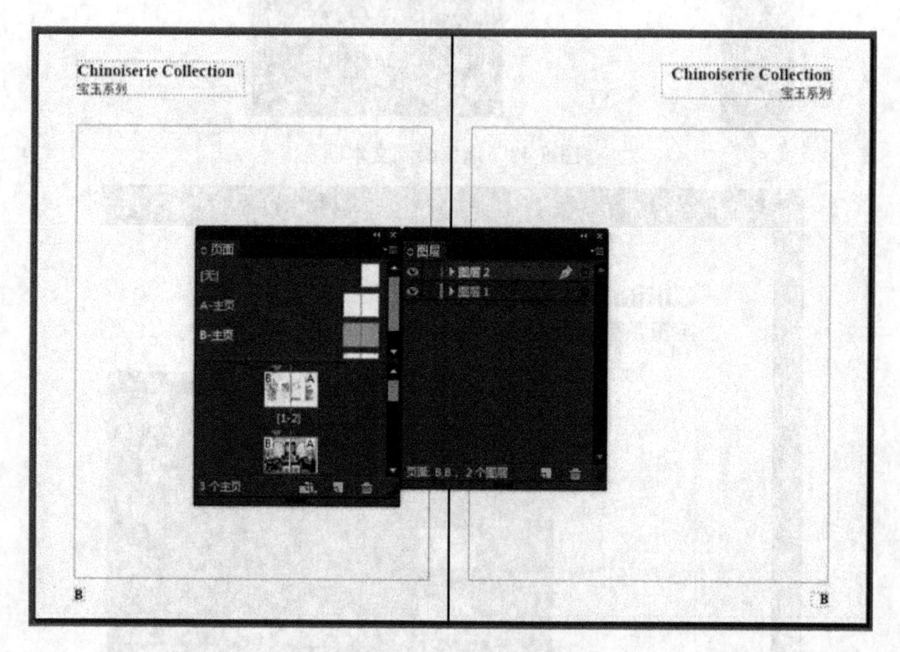

图 8-51　添加自动页码

(25) 单击页面面板右上方的下三角按钮，在弹出的菜单中选择“新建主页”命令新建

C 主页，如图 8-52 所示。

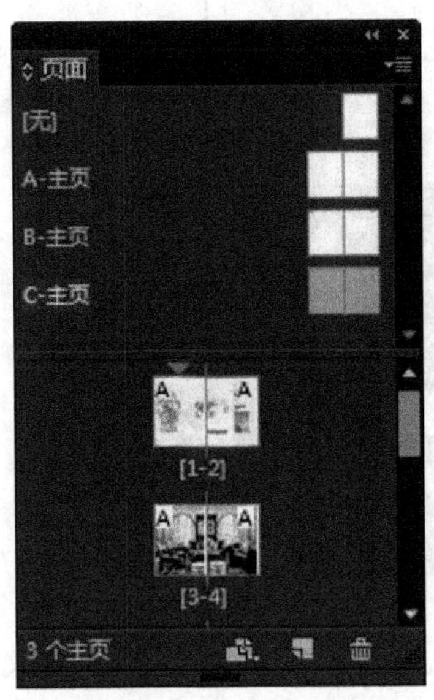

图 8-52　新建 C 主页

(26) 选择图层 2，用文字工具在 C 主页左上方拖曳绘制文本框，如图 8-53 所示。输入文字“Knight manor Collection”，设置字体为 Times New Roman，字号为 24 点，颜色为(60，90，80，30)；换行输入文字“骑士庄园系列”，设置字体为黑体，字号为 18 点，颜色为(60，90，80，30)，如图 8-54 所示。按住 Alt 键拖曳并复制文本框至 C 主页右上方，并设置段落对齐方式为右对齐，如图 8-55 所示。参考步骤(22)在 C 主页添加自动页码，如图 8-56 所示。

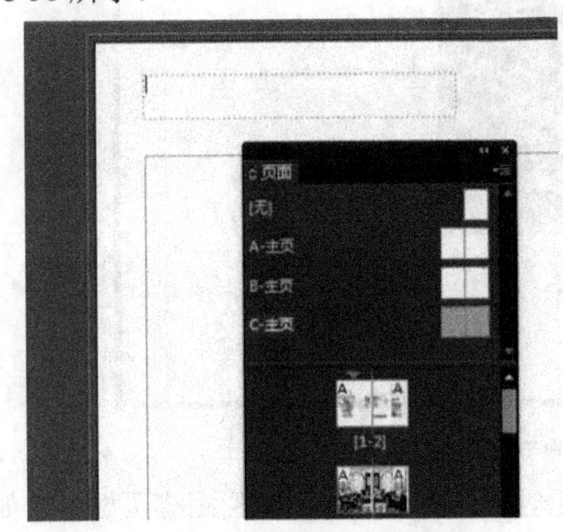

图 8-53　拖曳绘制文本框

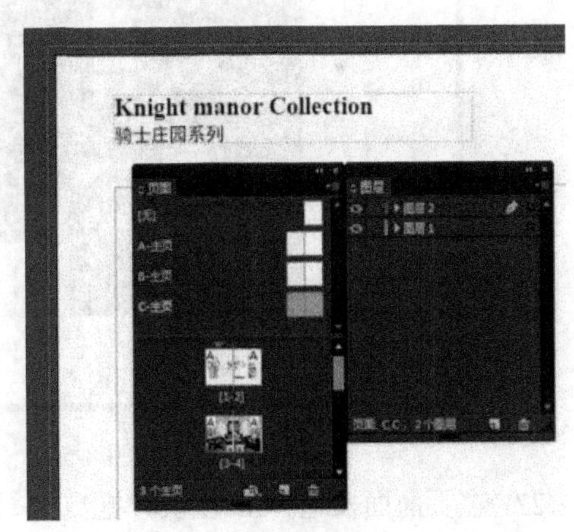

图 8-54　输入文字

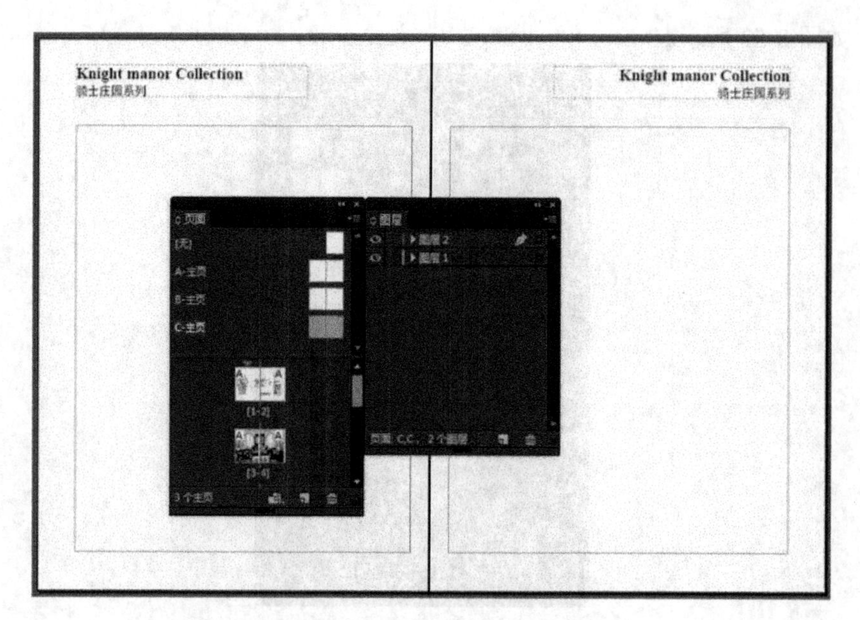

图 8-55　拖曳并复制绘制文本框

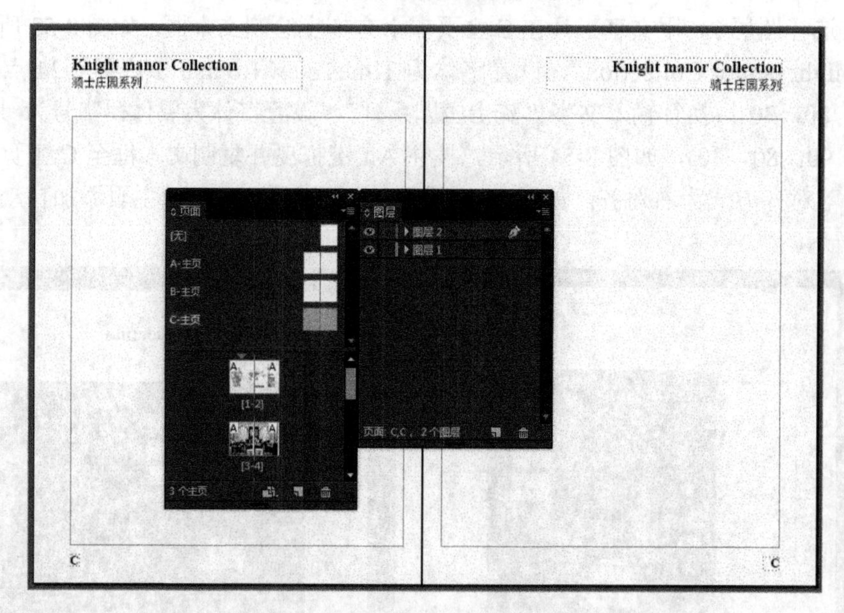

图 8-56　添加自动页码

(27) 在页面面板选择 B 主页，拖曳 B 主页至第 1 页，当黑色矩形围绕页面时，如图 8-57 所示，则松开鼠标为第 1 页应用 B 主页，如图 8-58 所示。

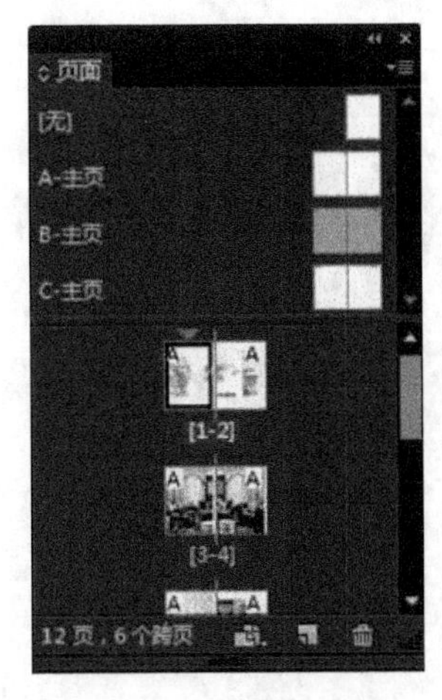

图 8-57　拖曳主页

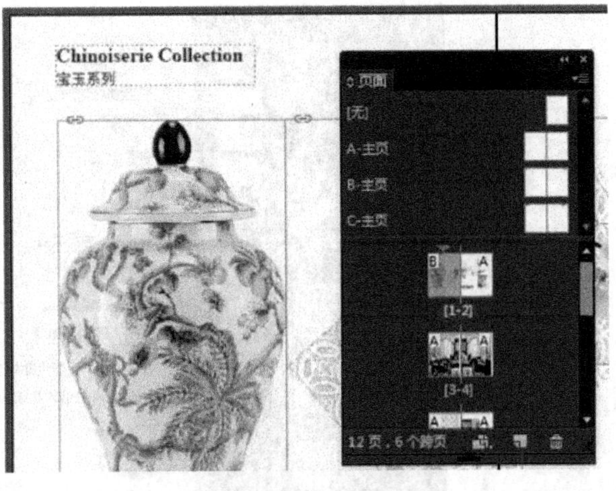

图 8-58　应用主页

(28) 按住 Ctrl 键选择第 3 页和第 6 页，如图 8-59 所示。然后按住 Alt 键单击 B 主页，为第 3 页和第 6 页应用 B 主页，如图 8-60 所示。

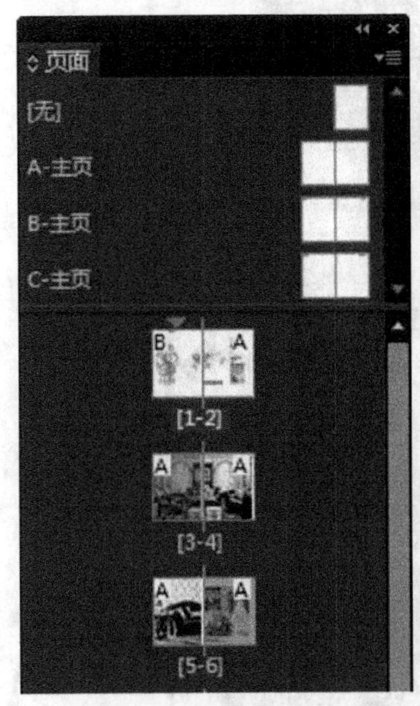

图 8-59　选择多个页面

图 8-60　应用主页

(29) 按住 Ctrl 键选择第 7 页、第 10 页、第 12 页，然后单击页面面板右上角的下三角按钮，选择“将主页应用于页面”，如图 8-61 所示，弹出应用主页对话框，如图 8-62 所示，在“应用主页”选项中选择“C-主页”，单击“确定”按钮应用 C 主页，如图 8-63 所示。

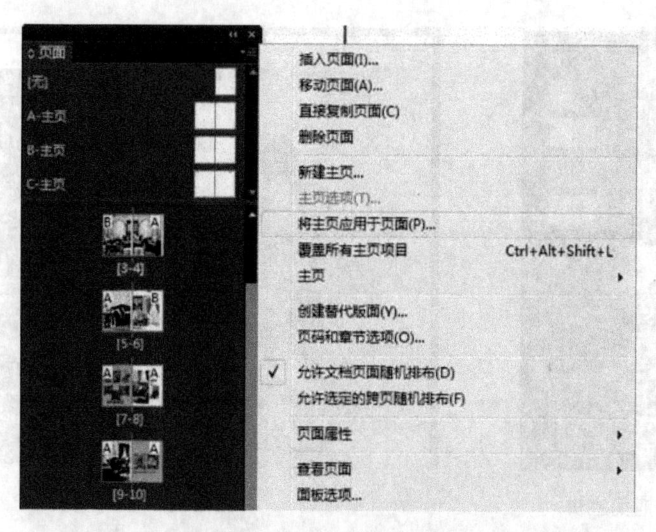

图 8-61　将主页应用于页面

图 8-62　应用主页对话框

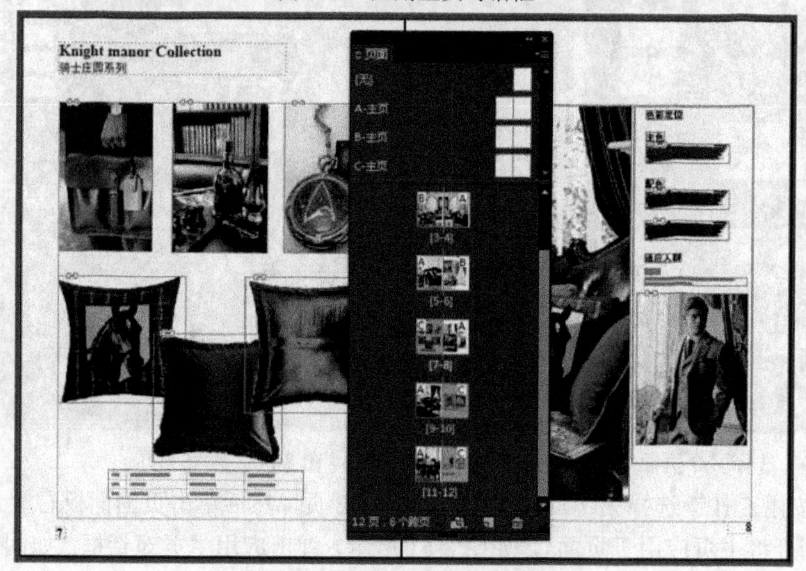

图 8-63　将主页应用于页面

第9章　书籍与目录

本章介绍 InDesign CC 中书籍和目录的编辑和应用方法，通过实例练习掌握编辑书籍、目录的方法和技巧，从而帮助读者完成更加复杂的排版作业，提升排版技术水平。

9.1　目录制作

目录中可以列出书籍、杂志或其他出版物的内容，也可以显示插图列表、广告商或摄影人员名单，还可以包含有助于读者在文档或书籍文件中查找的信息。

在 InDesign CC 中，可以为书籍文件中的单个文档或所有文档生成包含精准页面的目录。该功能的工作原理是复制使用特定段落样式的文本，将其按顺序排列并使用新的段落样式重新设定其格式。因此，要准确的生成目录必须正确地应用段落样式。

下面我们以如图 9-1 所示的目录为例对其制作过程进行讲解。

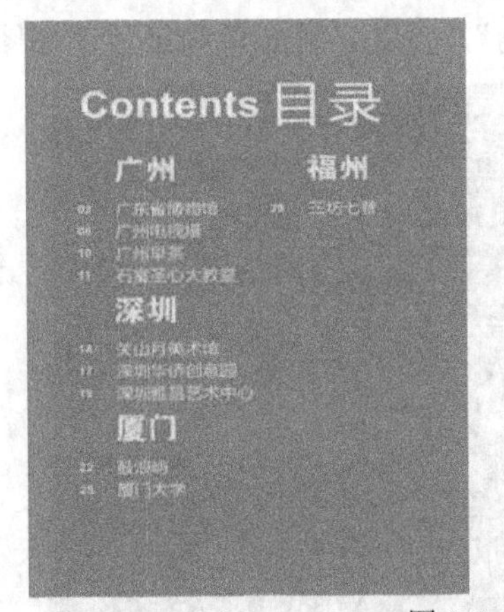

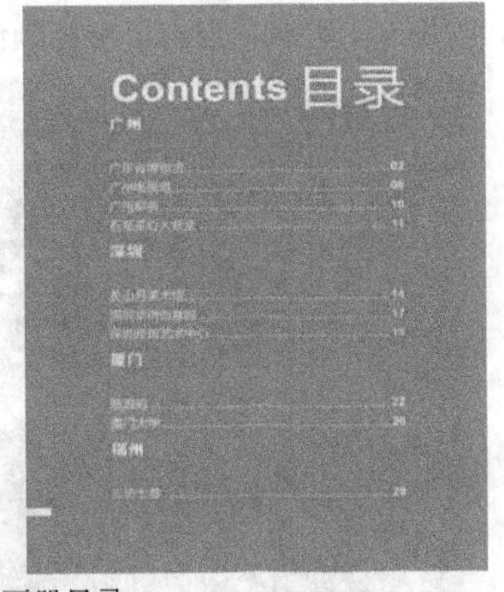

图 9-1　画册目录

9.1.1　画册目录制作

(1) 启动 InDesign CC，选择文件→打开，打开“画册目录练习.indd”，在页面面板中双击第 3 页，使其显示在当前窗口，如图 9-2 所示。

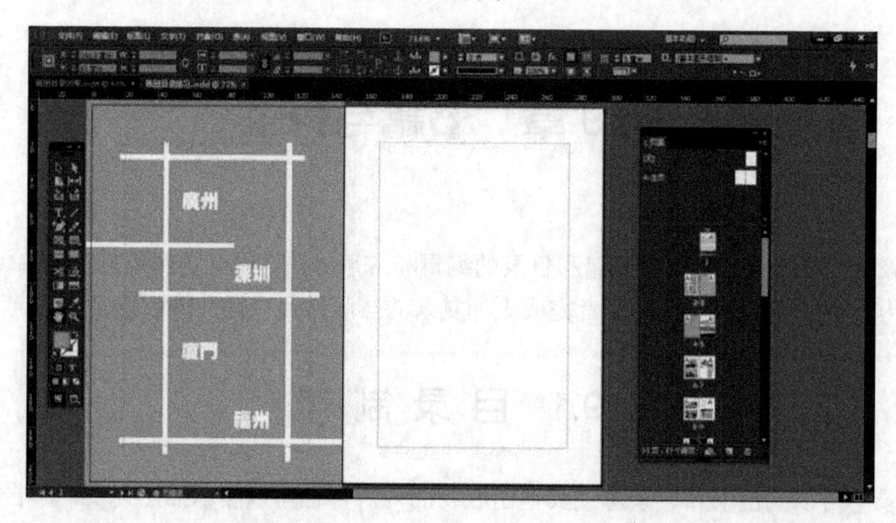

图 9-2　打开文件

(2) 单击窗口→样式→段落样式，打开段落样式面板，点击右上角的下三角按钮，在弹出菜单中选择“新建段落样式”，打开新建段落样式对话框，设置样式名称为“目录 1 级标题”。单击“基本字符格式”，字体系列选择方正大黑简体，字体大小为 30 点，行距为 25 点，如图 9-3 所示。单击“缩进和间距”，设置首行缩进为 12 mm，段前距为 2 mm，段后距为 8 mm，如图 9-4 所示。点击“字符颜色”，设置字符颜色为纸色，如图 9-5 所示。

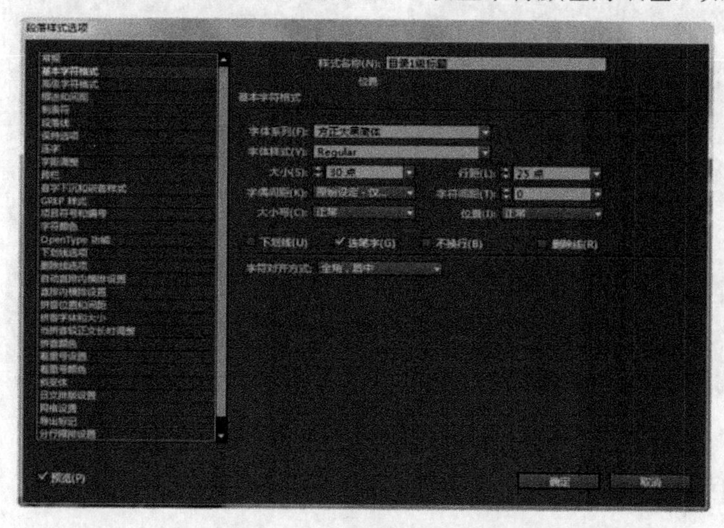

图 9-3　设置基本字符格式

图 9-4　设置缩进和间距

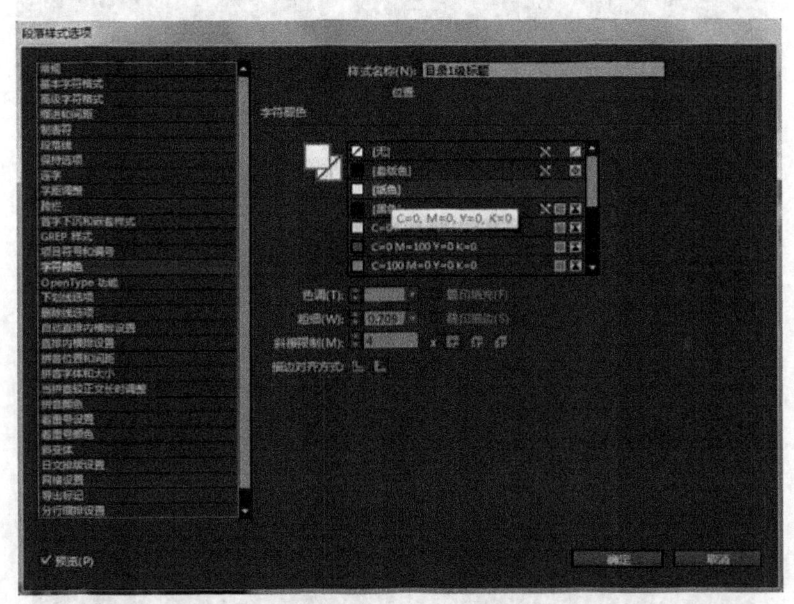

图 9-5　设置字符颜色

(3) 单击段落样式面板右上角的下三角按钮，在弹出菜单中选择“新建段落样式”，打开新建段落样式对话框，设置样式名称为“目录 2 级标题”。单击“基本字符格式”，字体系列选择方正兰亭黑_GB18030，字体大小为 16 点，行距为 20 点，如图 9-6 所示。单击“缩进和间距”，设置段后距为 1 mm，如图 9-7 所示。单击“字符颜色”，设置字符颜色为纸色，如图 9-8 所示。段落样式面板如图 9-9 所示。

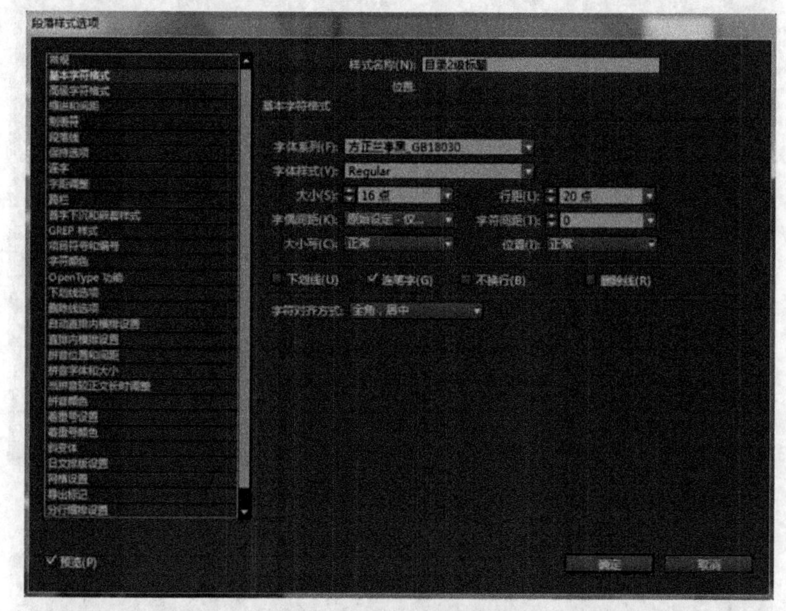

图 9-6　设置基本字符格式

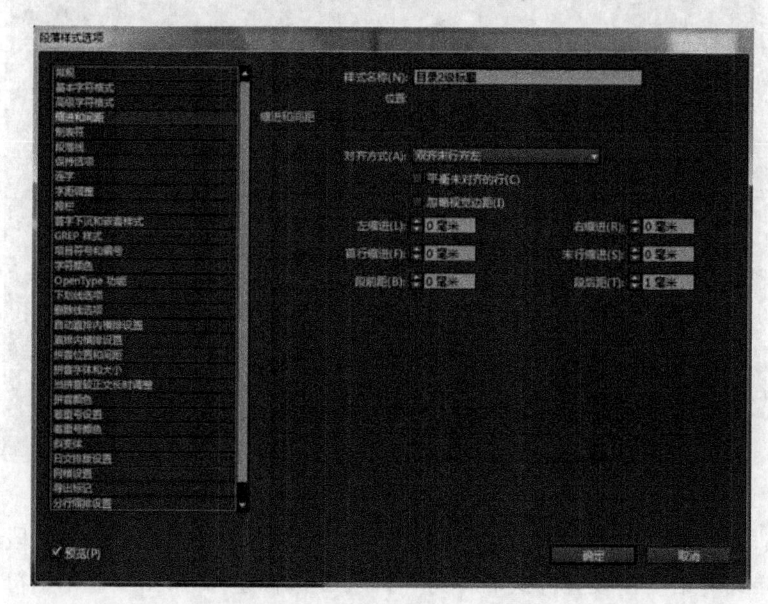

图 9-7　设置缩进和间距

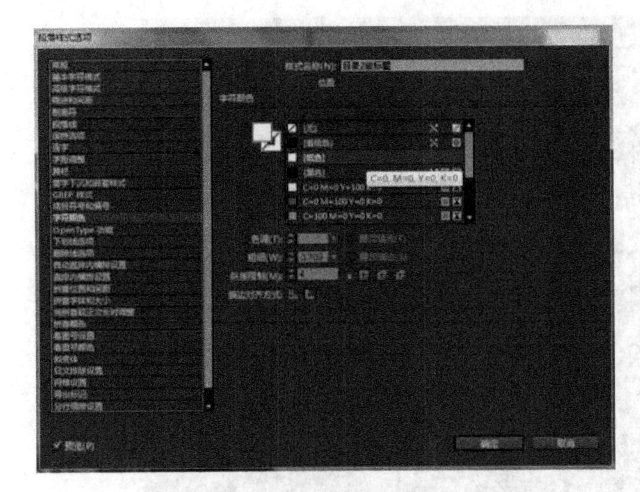

图 9-8　设置字符颜色

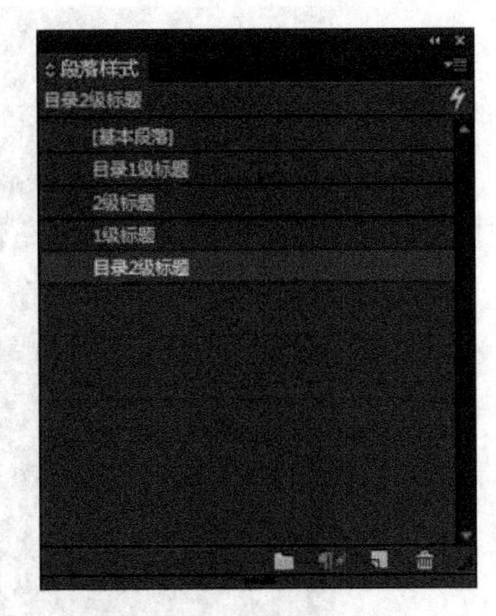

图 9-9　段落样式面板

(4) 单击窗口→样式→字符样式，打开字符样式面板，点击右上角的下三角按钮，在弹出菜单中选择“新建字符样式”，打开新建字符样式对话框，设置样式名称为“页码”。单击“基本字符格式”，字体系列选择 Arial，字体样式为 Bold，字体大小为 12 点，如图 9-10 所示。单击“字符颜色”，设置字符颜色为纸色，如图 9-11 所示。字符样式面板如图 9-12 所示。

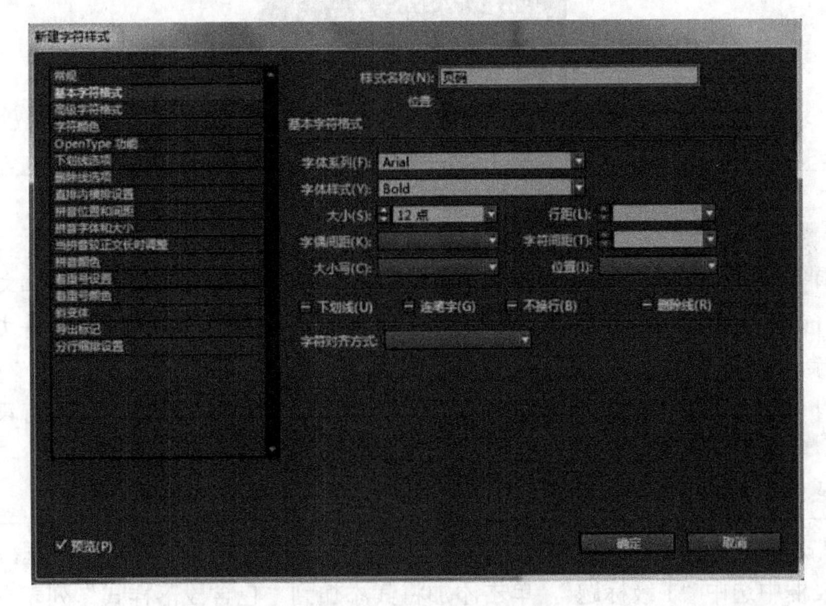

图 9-10　设置基本字符格式

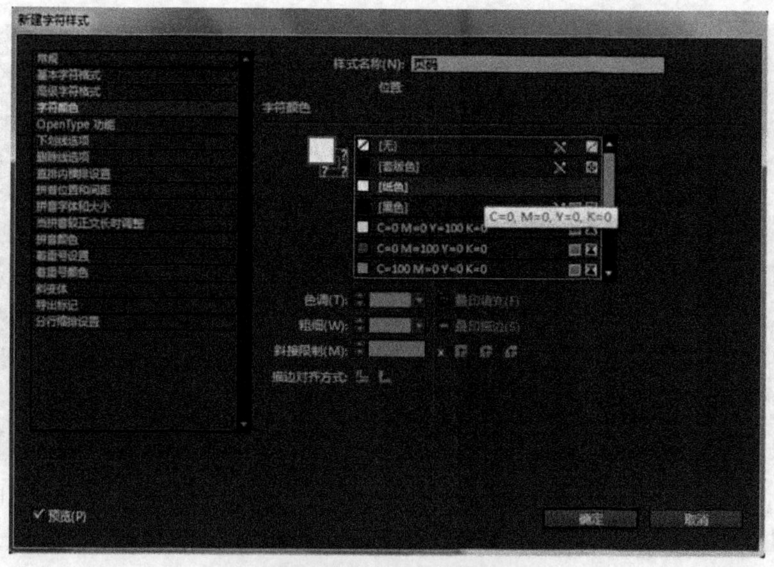

图 9-11　设置字符颜色

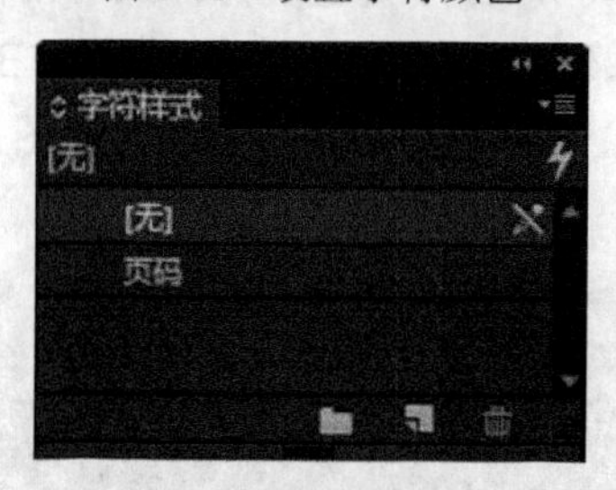

图 9-12　字符样式面板

★ 提示：

每个目录都是一篇由标题和条目列表(按页码或字母顺序排序)组成的独立文章。条目(包括页码)直接从文档内容中提取，并可以随时更新，甚至可以跨越同一书籍文件中的多个文档进行该操作。

创建目录的首要条件是所有标题都应用了段落样式。创建目录样式需要有段落样式和字符样式，段落样式包括：1 级标题、2 级标题以及在目录中用到的目录样式。字符样式包括：在目录中用到的页码样式。

(5) 单击版面→目录样式，单击“新建”按钮，弹出新建目录样式对话框，在“其他样式”列表框中选中“1 级标题”，单击添加将其添加到“包含段落样式”列表框内，设置条目样式为目录 1 级标题，页码为无页码，如图 9-13 所示。

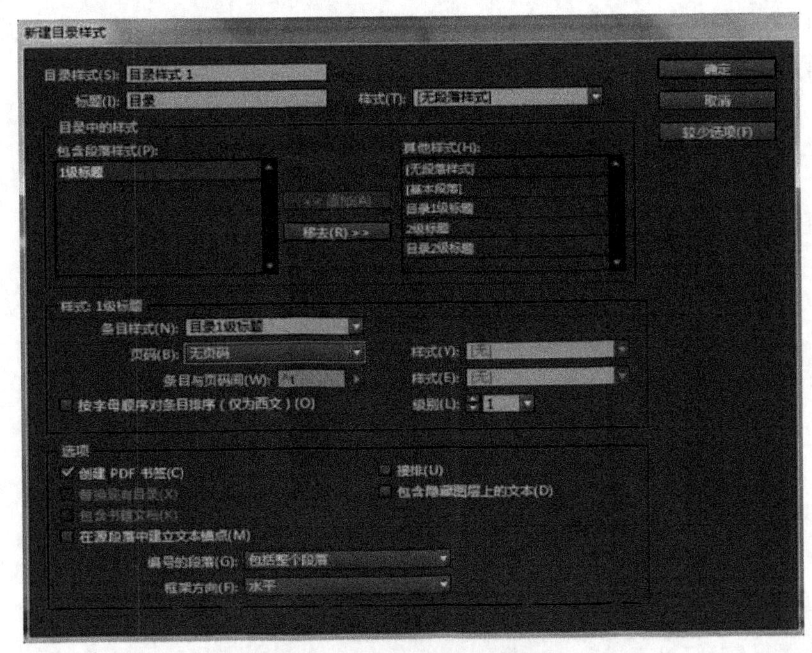

图 9-13　设置“目录 1 级标题”

(6) 在“其他样式”列表框中选中“2 级标题”，单击添加将其添加到“包含段落样式”列表框内，设置条目样式为目录 2 级标题，页码为条目前，样式为页码，如图 9-14 所示。

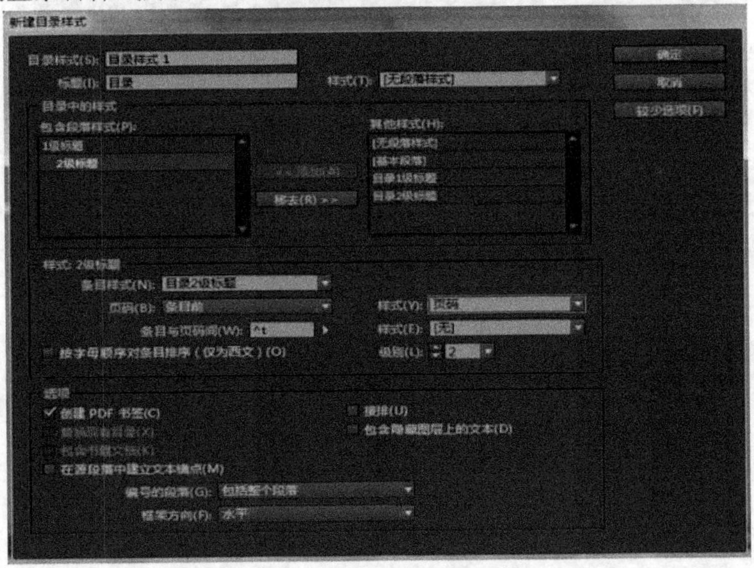

图 9-14　设置“目录 2 级标题”

(7) 单击“确定”按钮返回目录样式对话框，如图 9-15 所示，再次单击“确定”按钮，完成目录样式的新建。

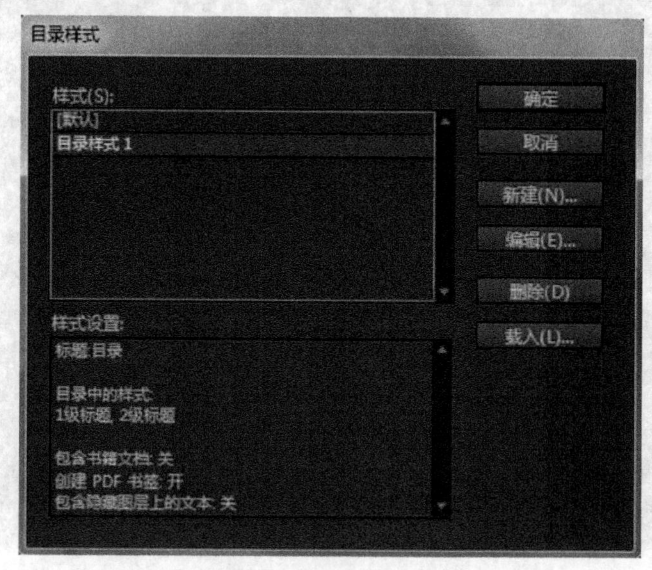

图 9-15　目录样式对话框

(8) 选择矩形工具，拖曳绘制矩形，填充颜色为(0，63，100，0)，如图 9-16 所示。

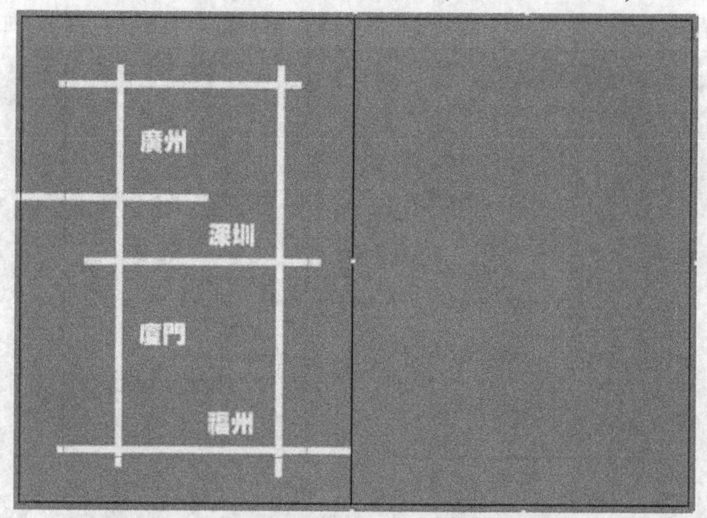

图 9-16　绘制矩形

(9) 单击版面→目录，弹出目录对话框，目录样式默认为“目录样式 1”，单击“确定”按钮，在页面中拖曳提取目录，如图 9-17 所示。

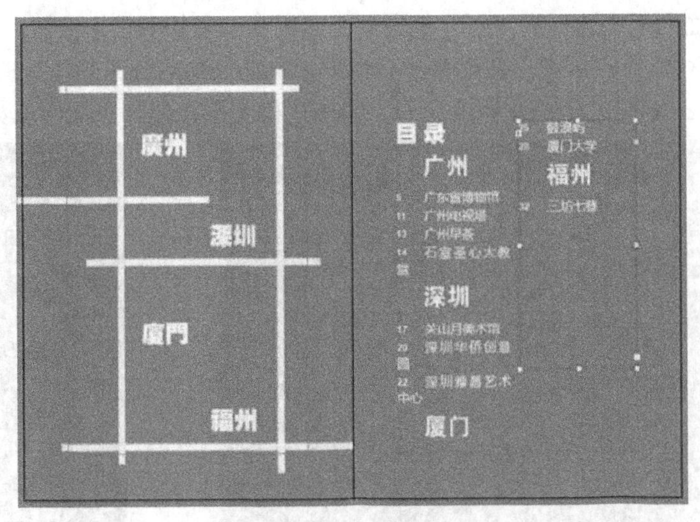

图 9-17　提取目录

(10) 单击窗口→页面，打开页面面板，按住 Shift 键选择第 4 页至第 33 页。单击页面面板右上方的下三角按钮，在弹出的菜单中取消选择“允许文档页面随机排布”，如图 9-18 所示。

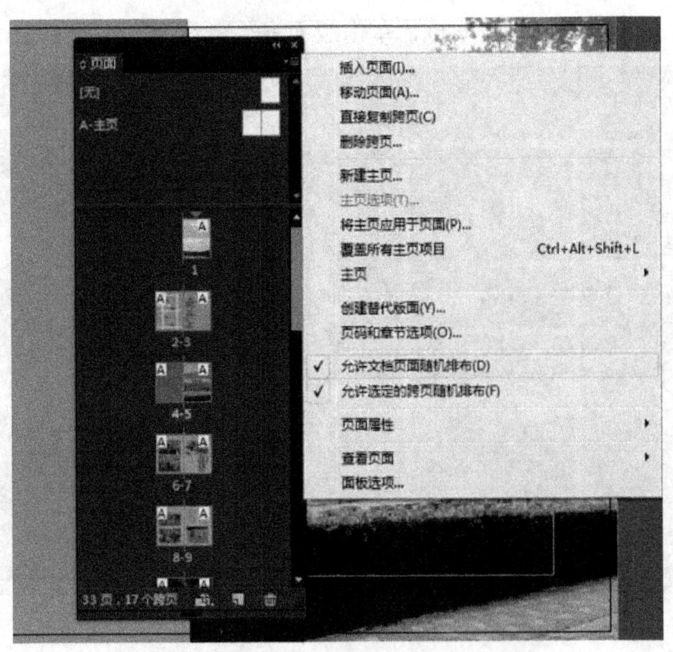

图 9-18　取消选择“允许文档页面随机排布”

(11) 在页面面板中选择第 4 页，单击页面面板右上方的下三角按钮，在弹出的菜单中选择“页码和章节选项”，弹出新建章节对话框，勾选“开始新章节”，设置起始页码为 1，样式为“01，02，03…”，如图 9-19 所示。单击“确定”按钮，页面面板如图 9-20 所示。

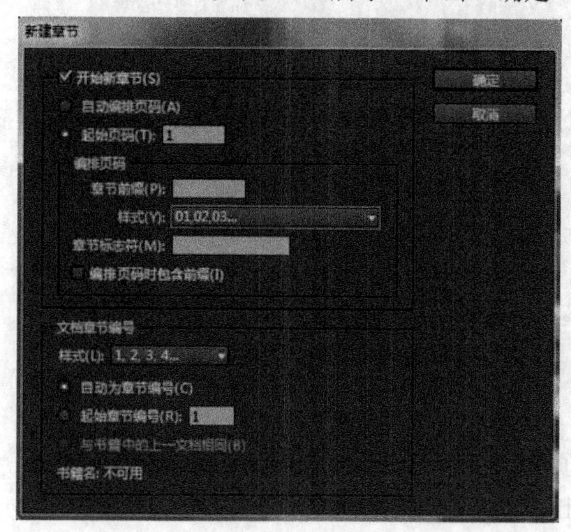

图 9-19　新建章节

图 9-20　页面面板

(12) 用选择工具选中目录文本框，单击版面→更新目录，如图 9-21 所示。

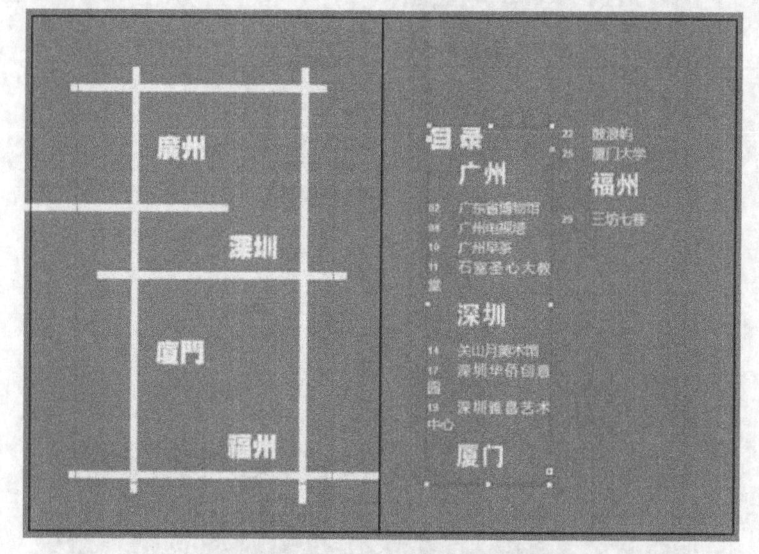

图 9-21　更新目录后效果

(13) 选择文字工具，将光标置于目录文本框的开始位置，删去“目录”两字，文字效果如图 9-22 所示。

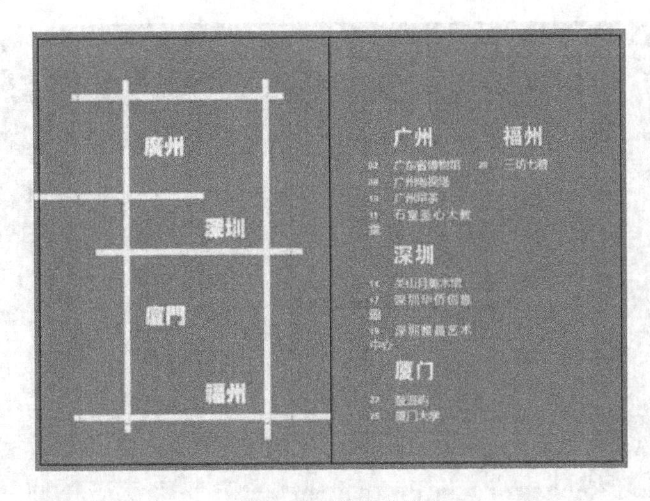

图 9-22 删除文字

(14) 选中文字工具，拖曳绘制文本框输入“contents”，设置字体为 Arial，字号为 39 点，字体样式为 Bold，颜色为纸色；拖曳绘制文本框输入“目录”，设置字体为微软雅黑，字号为 50 点，颜色为纸色，如图 9-23 所示。

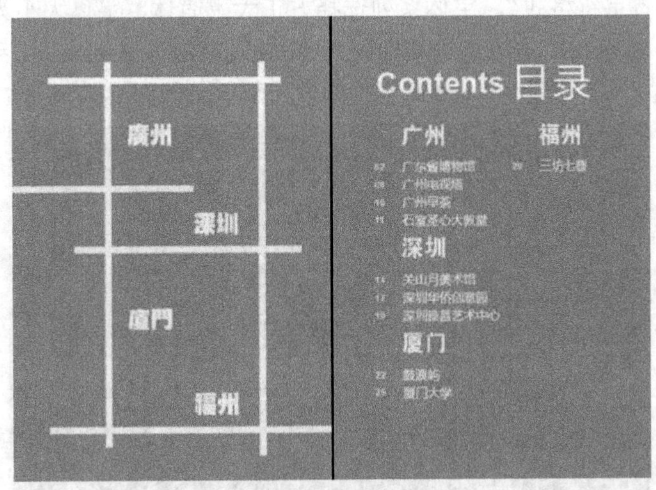

图 9-23 输入文字

9.1.2 创建具有定位前导符的目录

(1) 启动 InDesign CC，选择文件→打开，打开“前导符目录练习.indd”，在页面面板中双击第 3 页，使其显示在当前窗口，如图 9-24 所示。

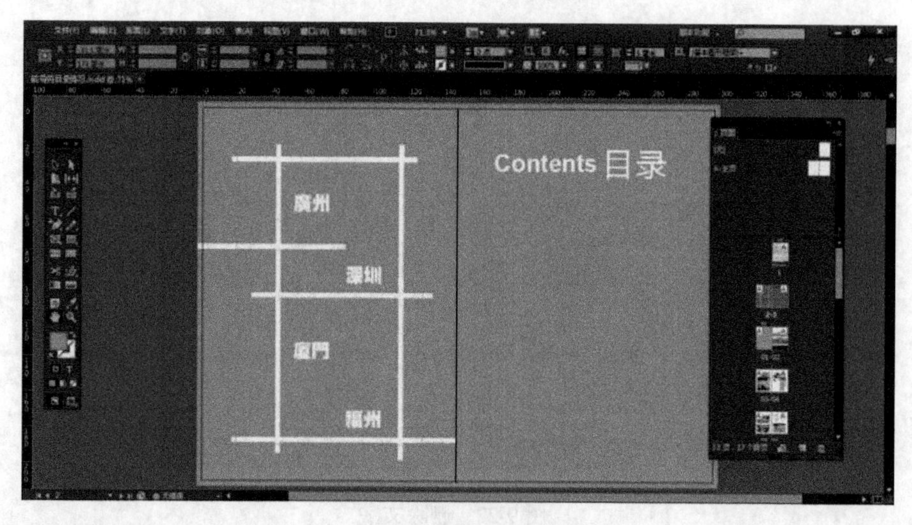

图 9-24　打开文件

(2) 单击窗口→样式→段落样式，打开段落样式面板，点击右上角的下三角按钮，在弹出菜单中选择“新建段落样式”，打开新建段落样式对话框，设置样式名称为“目录 1 级标题”。单击“基本字符格式”，字体系列选择方正大黑简体，字体大小为 16 点，行距为 20 点，如图 9-25 所示；单击“缩进和间距”，设置段前距为 2 mm，段后距为 10 mm，如图 9-26 所示；单击“字符颜色”，设置字符颜色为纸色，如图 9-27 所示。

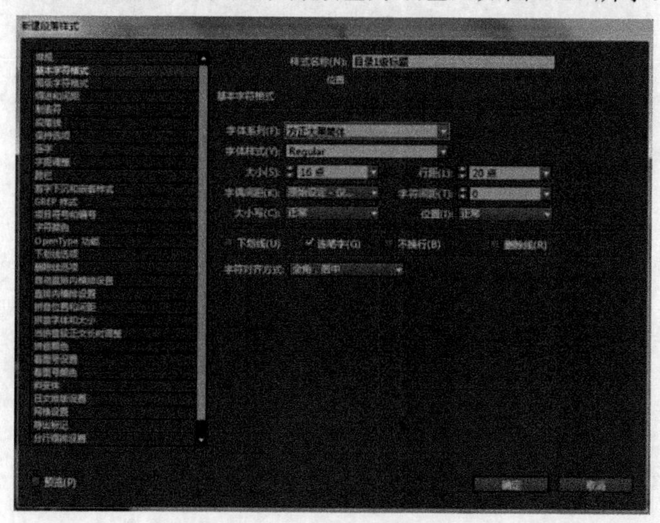

图 9-25　设置基本字符格式

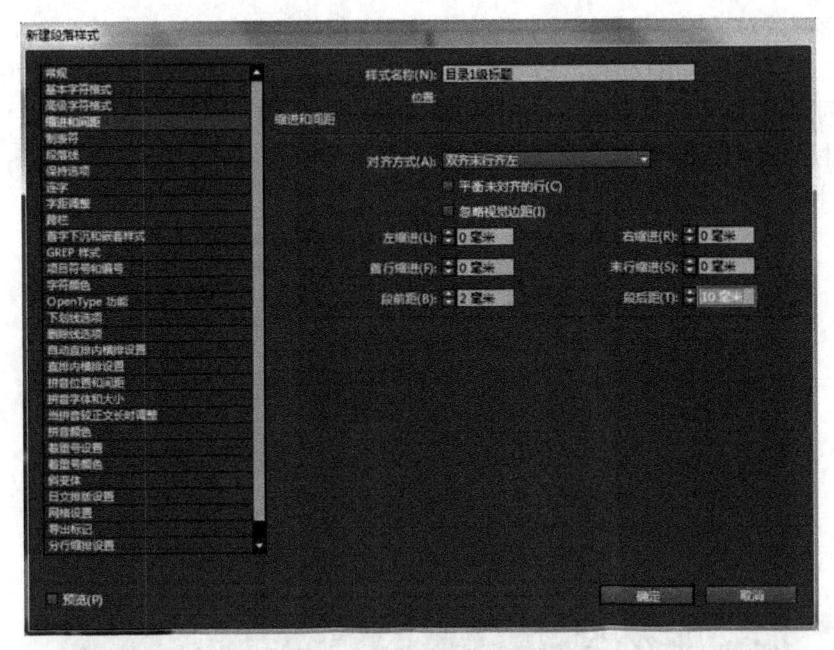

图 9-26　设置缩进和间距

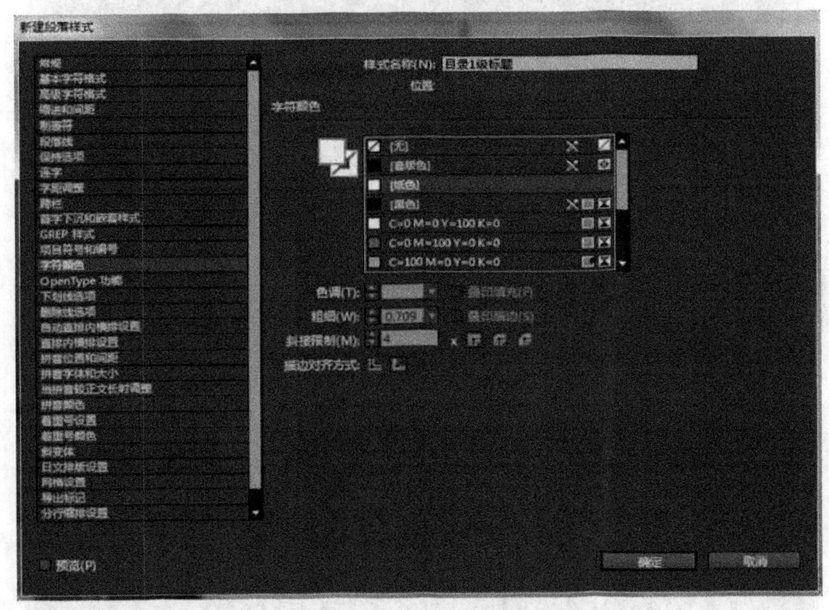

图 9-27　设置字符颜色

(3) 单击段落样式面板右上角的下三角按钮，在弹出菜单中选择“新建段落样式”，打开新建段落样式对话框，设置样式名称为“目录 2 级标题”。单击“基本字符格式”，字体系列选择方正兰亭黑_GB18030，字体大小为 12 点，行距为 17 点，如图 9-28 所示；单击“缩进和间距”，设置段后距为 1 mm，如图 9-29 所示；单击“制表符”，选择“右对齐制表符”，在标尺上设置定位符，X 设置为 100 mm，前导符为圆点，如图 9-30 所示；单击“字符颜色”，设置字符颜色为纸色，如图 9-31 所示。

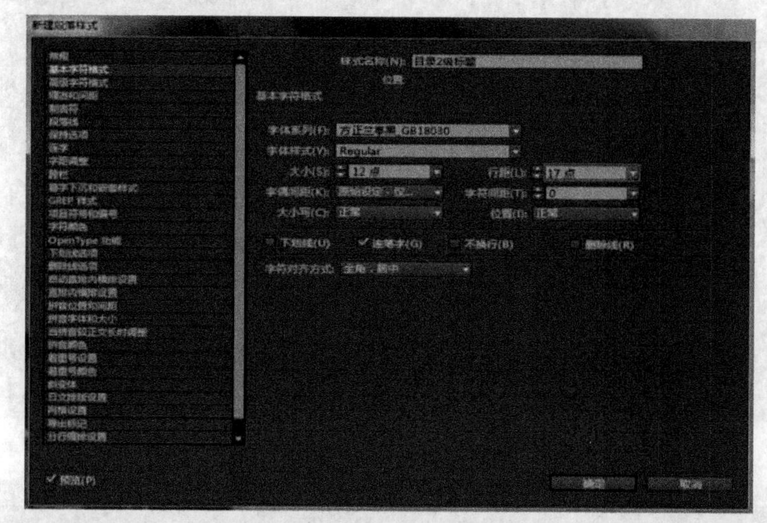

图 9-28　设置基本字符格式

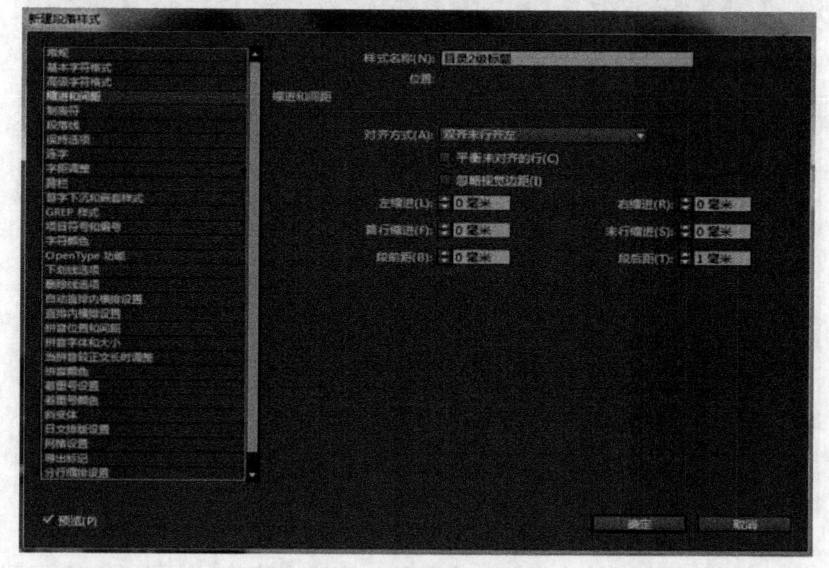

图 9-29　设置缩进和间距

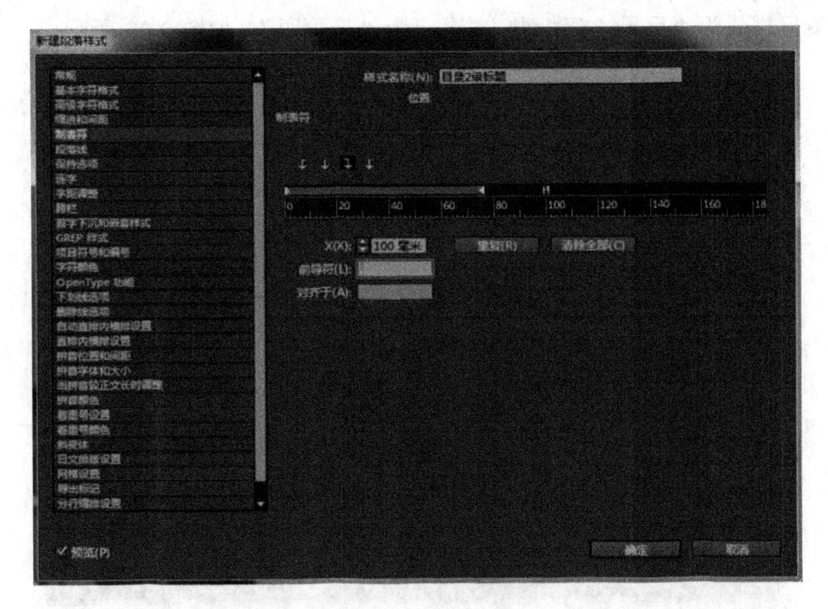

图 9-30　设置制表符

图 9-31　设置字符颜色

(4) 选择版面→目录样式，单击“新建”按钮，弹出新建目录样式对话框，在“其他样式”列表框中选中“1 级标题”，单击“添加”按钮将其添加到“包含段落样式”列表框内，设置条目样式为“目录 1 级标题”，页码为“无页码”，如图 9-32 所示。

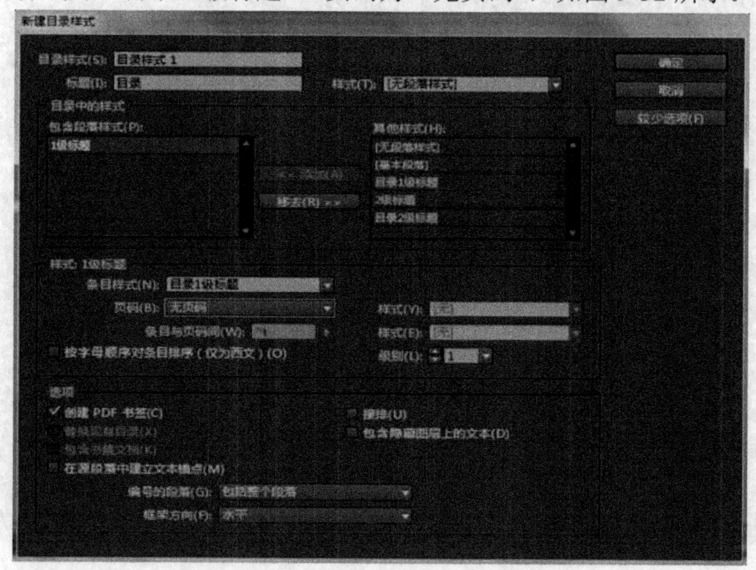

图 9-32　设置“目录 1 级标题”

(5) 在“其他样式”列表框中选中“2 级标题”，单击“添加”按钮将其添加到“包含段落样式”列表框内，设置条目样式为“目录 2 级标题”，页码为“条目后”，样式为“页码”，如图 9-33 所示。

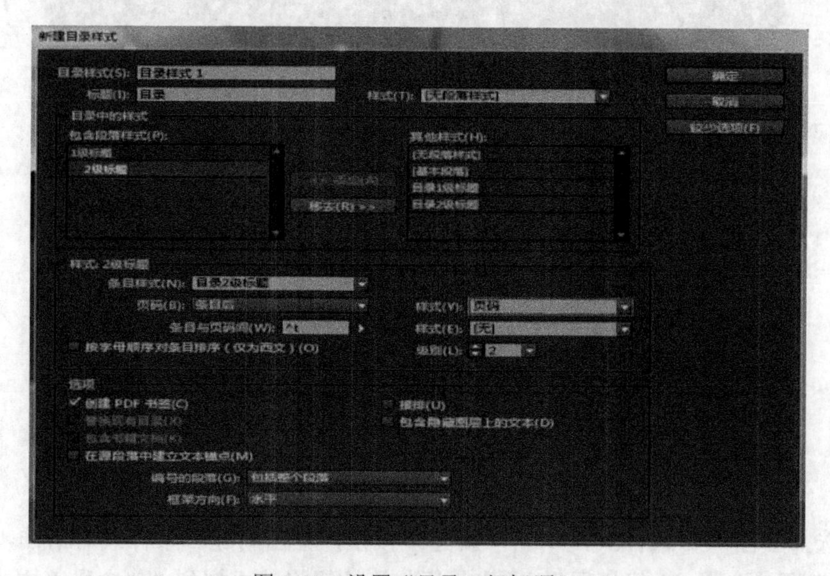

图 9-33　设置“目录 2 级标题”

(6) 单击“确定”按钮返回目录样式对话框，再次单击“确定”按钮，完成目录样式的新建。

(7) 单击版面→目录，弹出目录对话框，目录样式默认为“目录样式 1”，单击“确定”按钮，在页面中拖曳提取目录，如图 9-34 所示。

(8) 选择文字工具，将光标置于目录文本框的开始位置，删去“目录”两字，最终效果如图 9-35 所示。

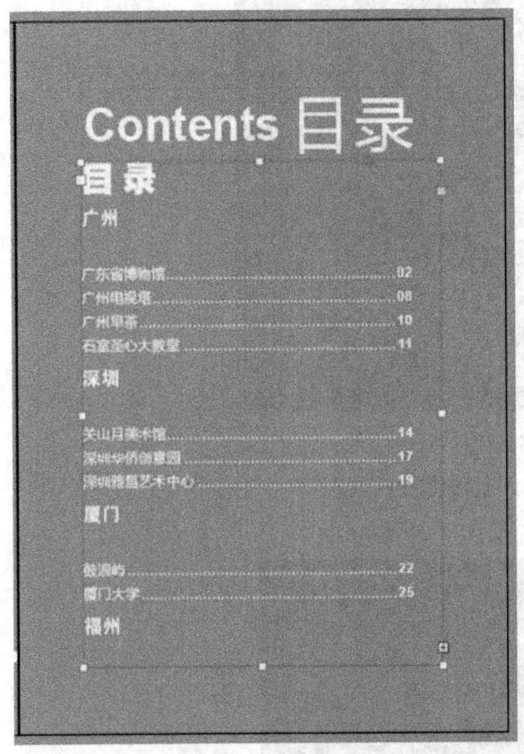

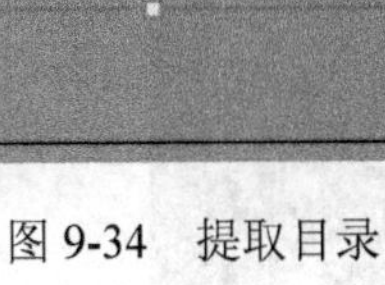

图 9-34　提取目录

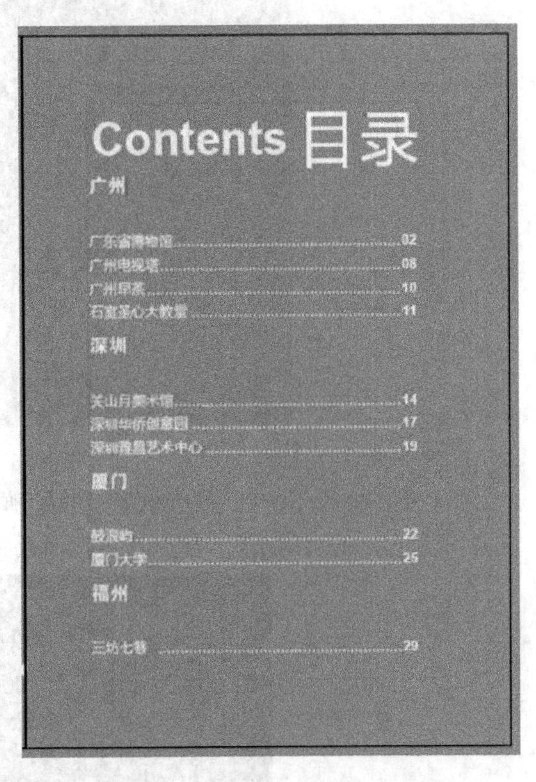

图 9-35　删除文字

9.2 创建书籍

书籍文件是一个可以共享样式、色板、主页及其他项目的文档集。可以按顺序给编入书籍的文档中的页面编号、打印书籍中选定的文档或者将它们导出为 PDF。对于分工合作的设计活，书籍能够很好地将文件进行整合，自动排列页码。

9.2.1 制作书籍

(1) 启动 InDesign CC，选择文件→新建→书籍，弹出新建书籍对话框，将文件命名为“本草纲目书箱”，单击“保存”按钮，弹出本草纲目书籍面板，如图 9-36 所示。

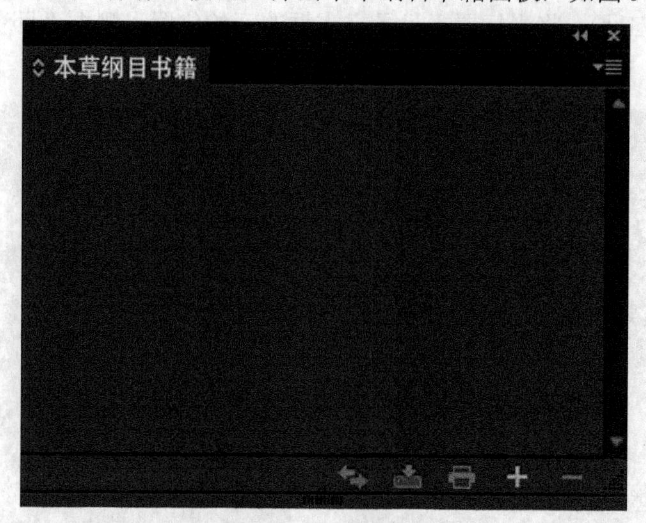

图 9-36　书籍面板

(2) 单击面板下方的添加文档按钮，弹出添加文档对话框，将“文前”、“正文-1”、“正文-2”、“正文-3”添加到本草纲目书籍面板中，如图 9-37 所示。

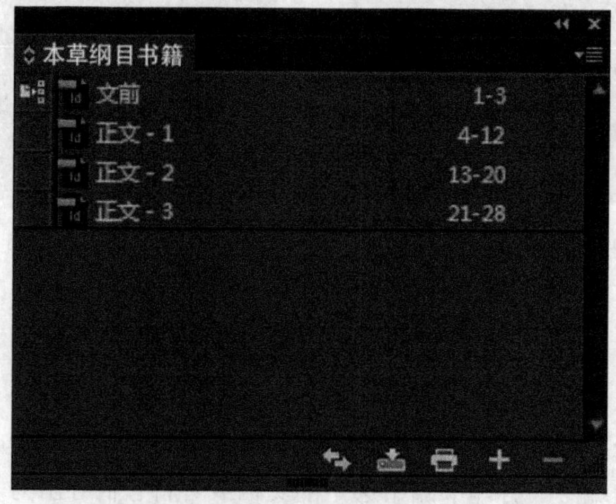

图 9-37　添加文档

(3) 单击“正文-1”左侧的方框将其设置为样式源文档，双击打开“正文-1”，如图 9-38

所示。打开页面面板，选择页面 4，单击鼠标右键选择“页码和章节选项”，将起始页码设置为 1，如图 9-39 所示，单击“确定”按钮后页面面板及本草纲目书籍面板如图 9-40 所示。

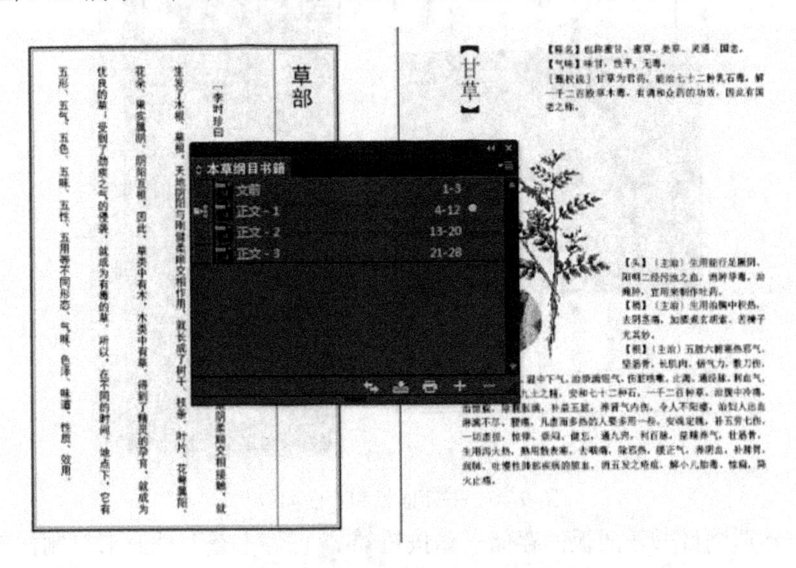

图 9-38　设置“正文 1”为样式源

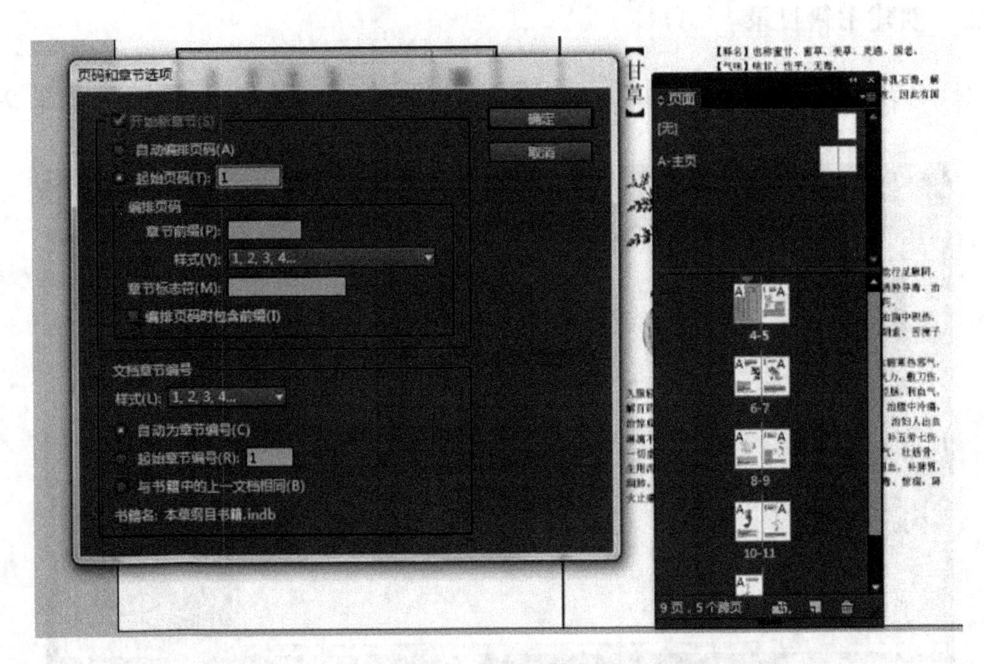

图 9-39　设置起始页码

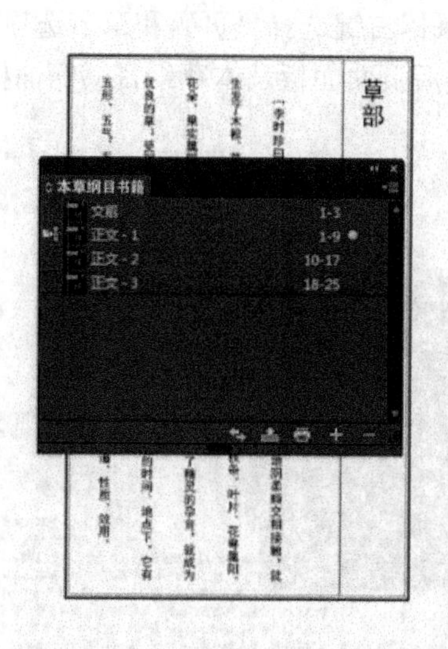

图 9-40　书籍面板和页面面板

(4) 单击本草纲目书籍面板的存储书籍按钮 保存书籍，此时书籍制作完成。

9.2.2　创建书籍目录

(1) 打开“本草纲目书籍.indb”，在本草纲目书籍面板中双击打开“文前”，如图 9-41 所示。

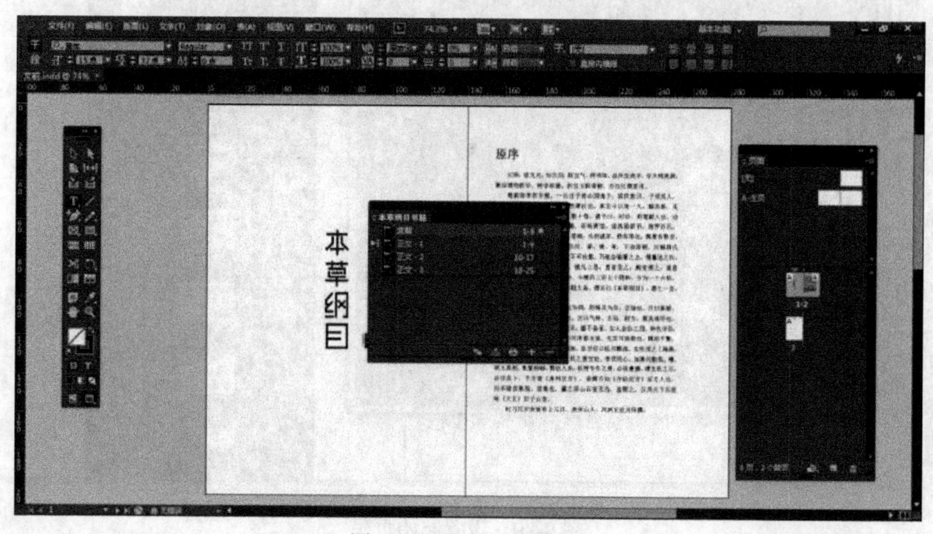
图 9-41　打开“文前”

(2) 双击页面面板第 3 页，使该页面转到视图中，如图 9-42 所示。

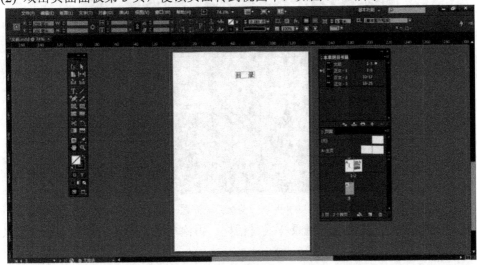

图 9-42　双击页面面板第 3 页

(3) 选择版面→目录样式，单击“新建”按钮，在“其他样式”列表框中依次将“篇名”和“标题”添加到“包含段落样式”列表框中。单击“篇名”，设置条目样式为“目录篇名”，页码为“条目后”，样式为“页码”，如图 9-43 所示。单击“标题”，设置条目样式为“目录标题”，页码为“条目后”，样式为“页码”，如图 9-44 所示。

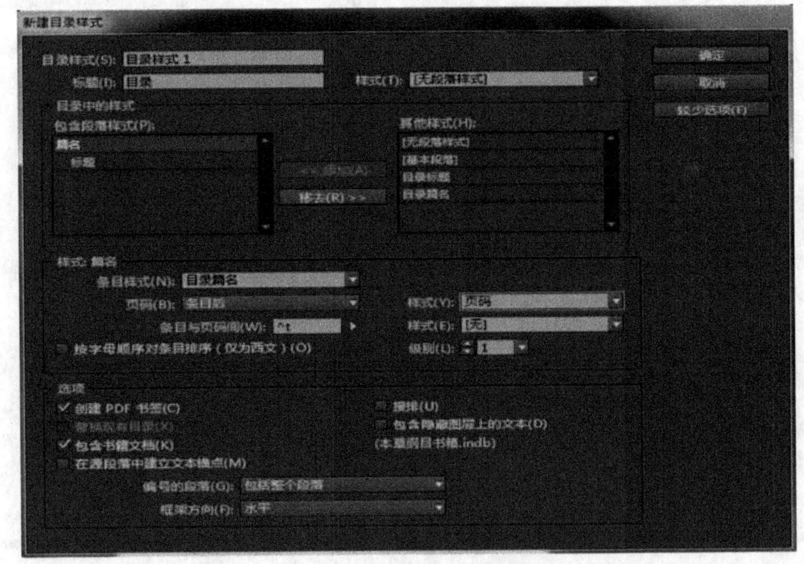

图 9-43　设置目录篇名

图 9-44　设置目录标题

(4) 单击“确定”按钮返回目录样式对话框，再次单击“确定”按钮，完成目录样式的新建。

(5) 单击版面→目录，弹出目录对话框，目录样式默认为“目录样式 1”，单击“确定”按钮，在页面中拖曳提取目录，如图 9-45 所示。

(6) 选择文字工具，将光标置于目录文本框的开始位置，删去“目录”两字，最终效果如图 9-46 所示。

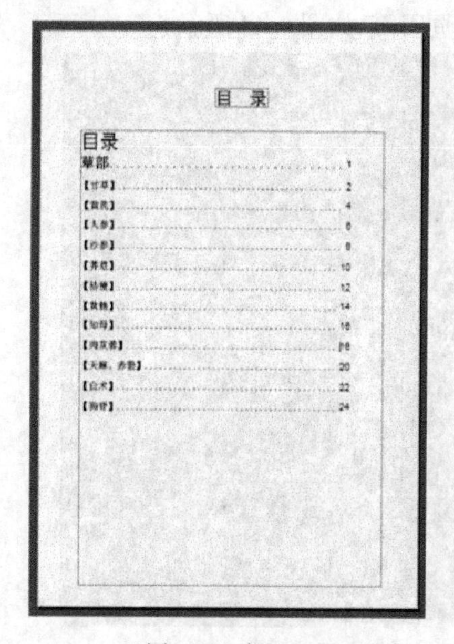

图 9-45　提取目录

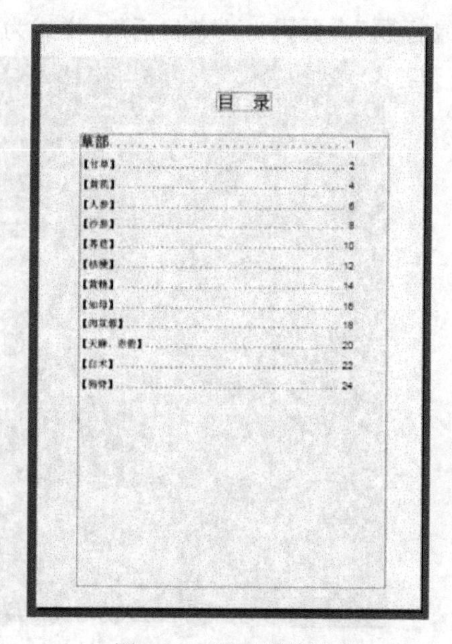

图 9-46　目录最终效果

第10章　印前设置与文件输出

设计制作完成后，InDesign CC可以用原文件进行打印，也可以用PDF进行打印，用于校对检查。如果文件送交印刷厂印刷，则常输出PDF格式，可以直接在网上传输。发给客户预览的文件，可以是小质量的PDF文件，也可以是JPG文件。

将文件打包，可以将制作文件、链接图片复制到指定的文件夹中，以规整文件，避免文件混乱，也可将打包的文件送交印刷厂或复制到其他电脑中。

10.1　输 出 PDF

文件制作完成后，最常用的是将其导出为PDF格式。设置质量小的文件用于给客户查看文件，容量小，便于传输；设置印刷质量的文件主要用于送交印刷厂进行印刷，文件质量高，图像和文字显示清晰。

10.1.1　输出印刷质量的PDF

(1) 打开在第3章中制作的“郁金香.indd”，如图10-1所示。

图10-1　打开文件

(2) 双击主页，用矩形工具在两个页面中间的位置绘制矩形，设置填充为纸色，不透明度为 0，如图 10-2 所示。

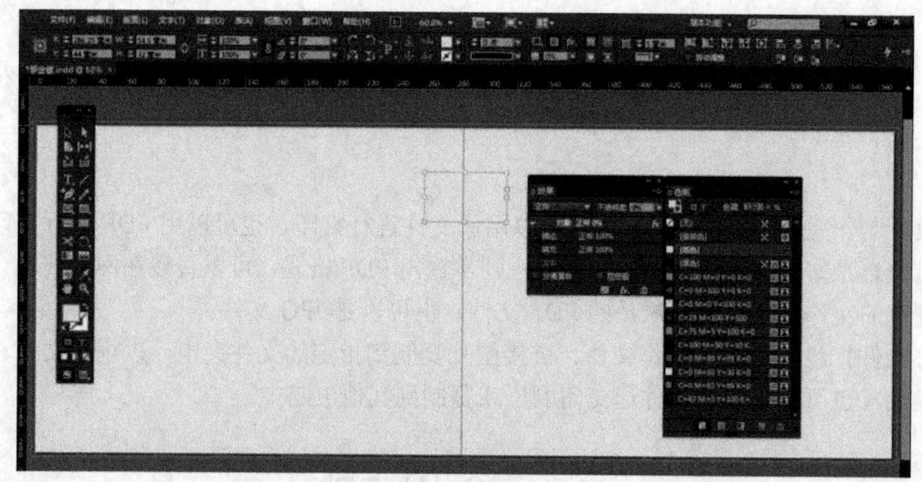

图 10-2　绘制矩形

(3) 选择“编辑”→“透明度拼合预设”，单击“新建”按钮，设置“栅格/矢量平衡”为 100，“线状图和文本分辨率”为 300，“渐变和网格分辨率”为 300，选择“将所有文本转换为轮廓”和“将所有描边转换为轮廓”，如图 10-3 所示。单击“确定”按钮完成“拼合预设_1”设置，再次单击“确定”按钮。

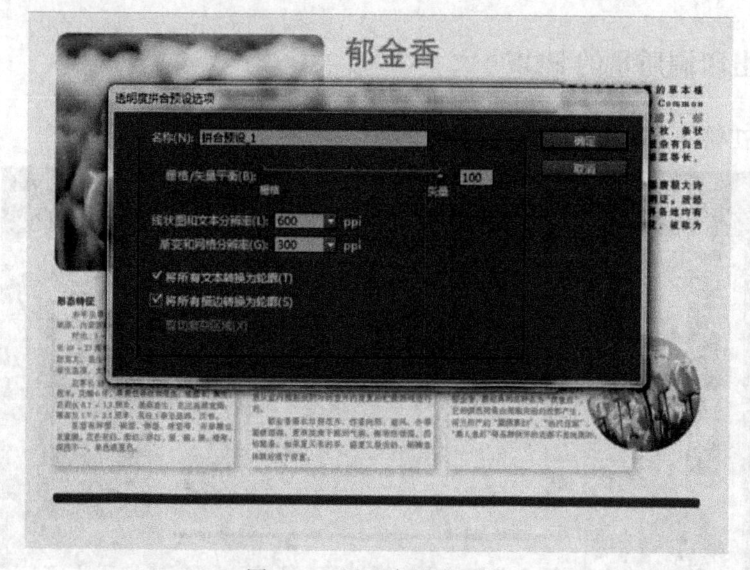

图 10-3　透明度拼合预设

(4) 单击“文件”→“导出”,“保存类型”选为“Adobe PDF(打印)(*.pdf)”，单击“保存”按钮，设置“Adobe PDF 预设”为印刷质量，“标准”为 PDF/X-1a:2001，如图 10-4 所示。

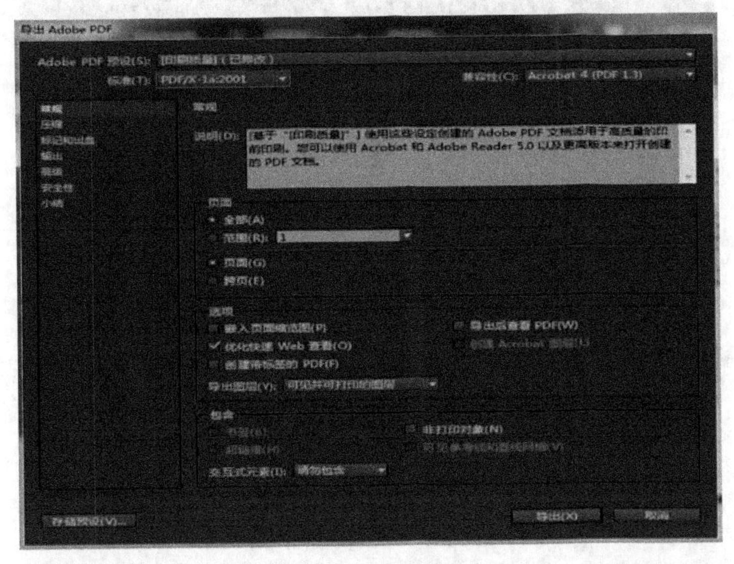

图 10-4　导出设置(常规)

(5) 单击“标记和出血”选项卡，勾选“所有印刷标记”复选框，设置“类型”为默认，“位移”为 3 毫米，勾选“使用文档出血设置”复选框，如图 10-5 所示。

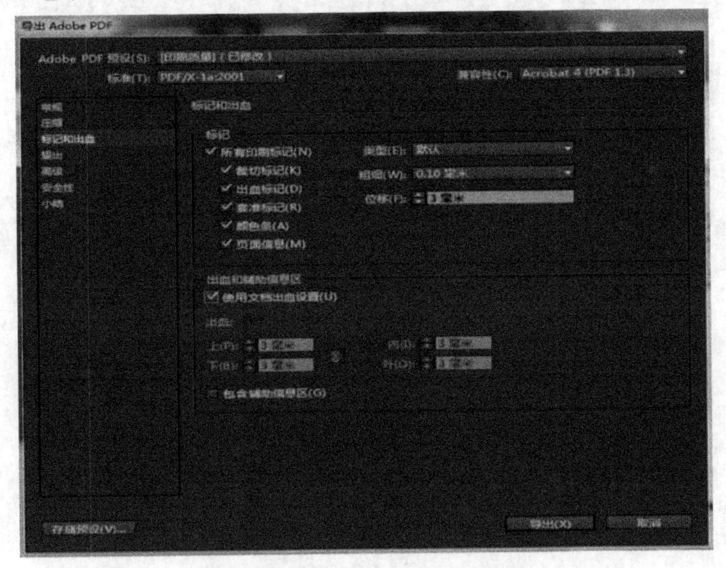

图 10-5　导出设置(标记和出血)

(6) 单击“高级”选项卡，在“预设”下拉列表中选择“拼合预设_1”，如图 10-6 所示。

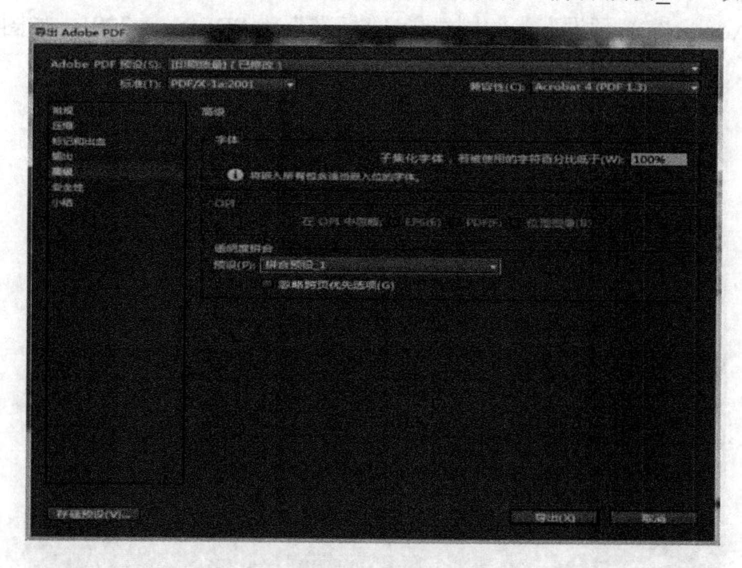

图 10-6　导出设置(高级)

(7) 单击“导出”按钮，完成输出 PDF 的操作。打开导出的 PDF 文件，如图 10-7 所示。

郁金香

郁金香（学名：Tulipa gesneriana），百合科郁金香属的草本植物，是土耳其、哈萨克斯坦、荷兰的国花。英文名：Flower of Common Tulip、Flower of Late Tulip。中药名称：郁金香《本草拾遗》，郁金香《太平御览》；红蓝花、紫述香《纲目》。花叶 3-5 枚，条状披针形至卵状披针状，花单朵顶生，大型而艳丽，花被片红色或杂有白色和黄色，有时为白色或黄色，长 5-7 厘米，宽 2-4 厘米，6 枚雄蕊等长，花丝无毛，无花柱，柱头增大呈鸡冠状，花期 4-5 月。

原产中国古代西域及西藏新疆一带，早在 1300 多年前，中国唐朝大诗人李白留下的“兰陵美酒郁金香，玉碗盛来琥珀光”即为明证，后经丝绸之路至传至中亚，又经中亚流入欧洲及世界各地。目前世界各地均有种植，是荷兰、新西兰、伊朗、土耳其、土库曼斯坦等国的国花，被称为世界花后，成为代表时尚和国际化的一个符号。

形态特征

生长习性

品种分类

图 10-7　导出 PDF 效果

10.1.2 输出最小质量的 PDF

(1) 打开在第 4 章中制作的“奶茶单页.indd”，如图 10-8 所示。

图 10-8 打开文件

(2) 单击“文件”→“导出”，“保存类型”选为“Adobe PDF(打印)(*.pdf)”，单击“保存”按钮，设置“Adobe PDF 预设”为印刷质量，如图 10-9 所示。

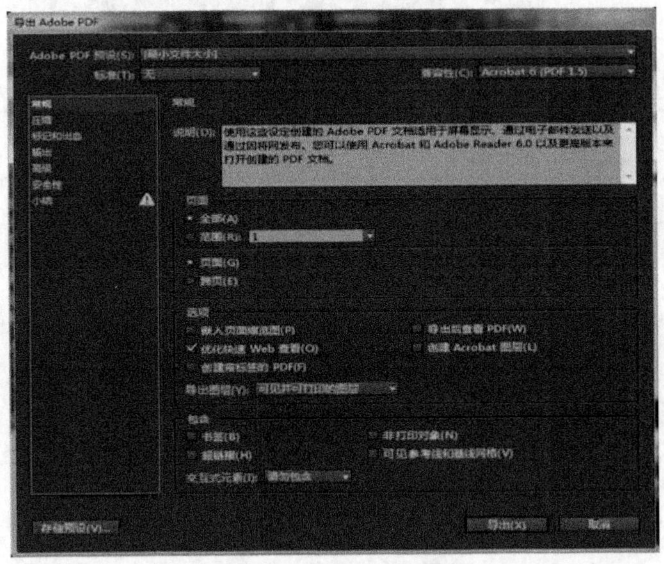

图 10-9 导出设置(常规)

(3) 单击“压缩”选项卡，可以看到图像的像素比较低，图像的品质也较低，如图 10-10 所示。

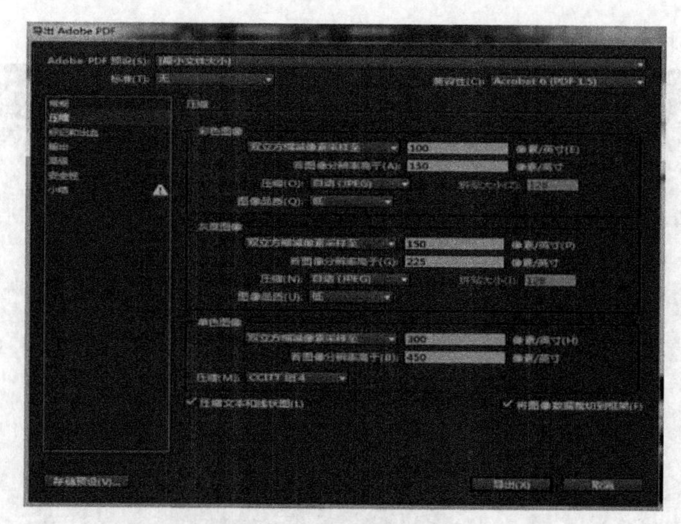

图 10-10　导出设置(压缩)

(4) 单击“导出”按钮，完成输出 PDF 的操作。打开导出的 PDF 文件，如图 10-11 所示。

图 10-11　导出 PDF 效果

10.2 打包设置

(1) 打开在第 3 章中制作的“宣传单页完成效果.indd”，单击“文件”→“打包”，弹出“打包”对话框，如图 10-12 所示。

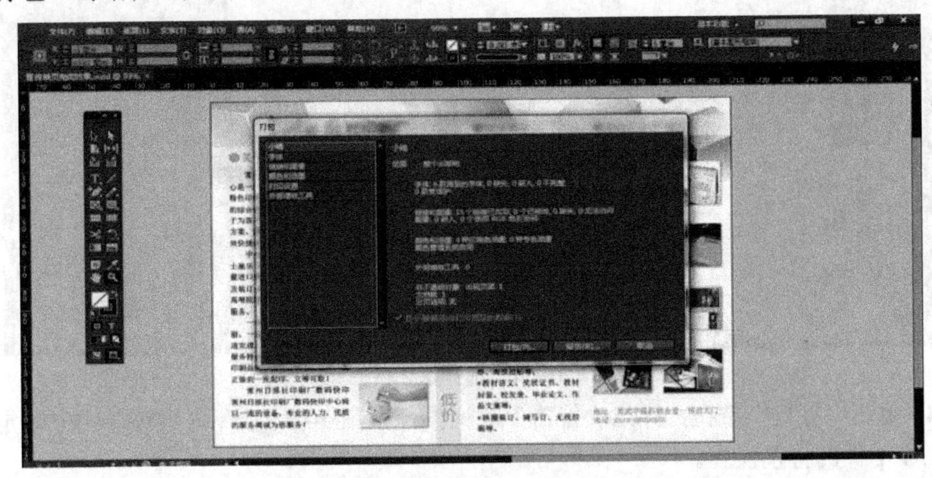

图 10-12　打包对话框

(2) 确认无误后，单击“打包”按钮，弹出“打印说明”对话框，用于对文件进行备注，如图 10-13 所示。

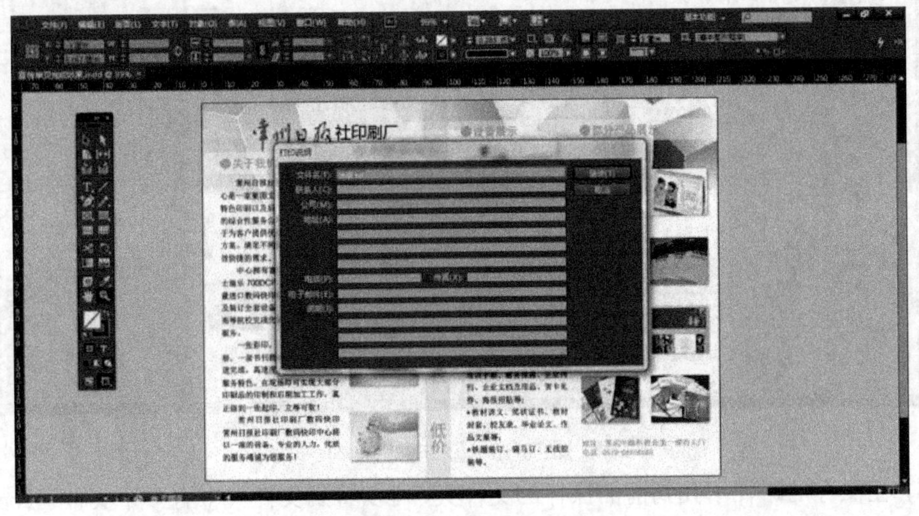

图 10-13　打印说明对话框

(3) 单击“继续”按钮，选择保存路径，对话框下方的选项保持默认设置即可，如图10-14所示。

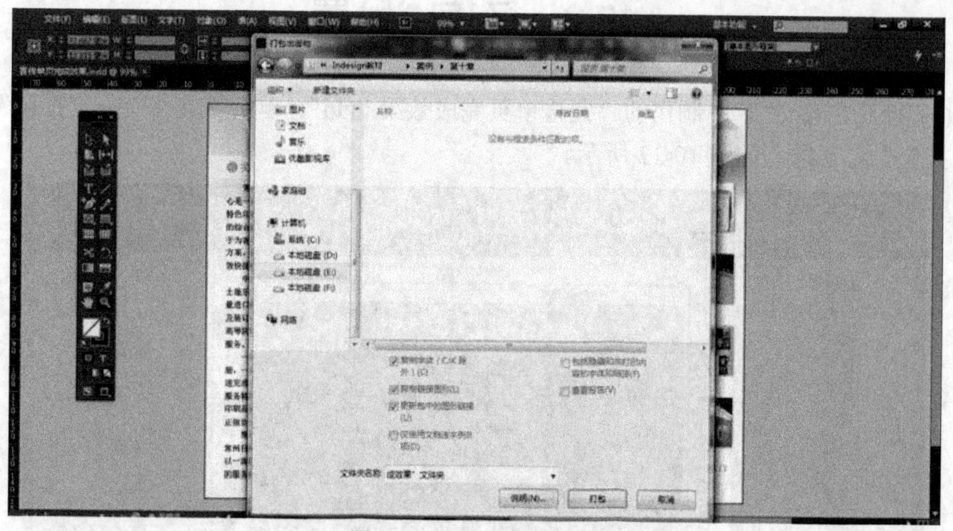

图 10-14　选择保存路径

(4) 单击“打包”按钮，弹出“警告”对话框，如图10-15所示。继续单击“确定”按钮，完成文件的打包操作。

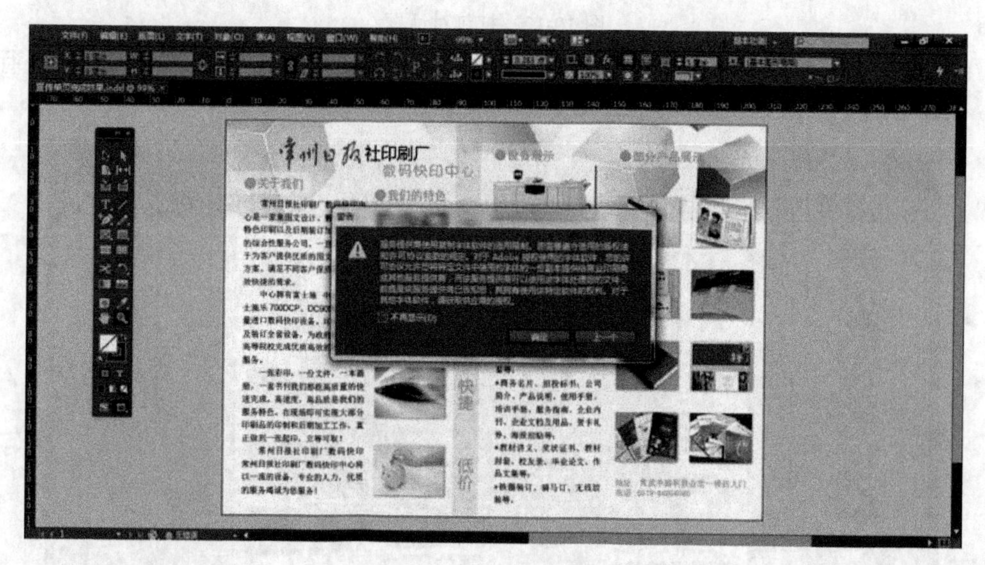

图 10-15　警告对话框

(5) 在保存的路径下找到前面保存的文件夹，可以看到文件夹中有4个文件：Document

fonts、Links、说明和 indd 文档，如图 10-16 所示。

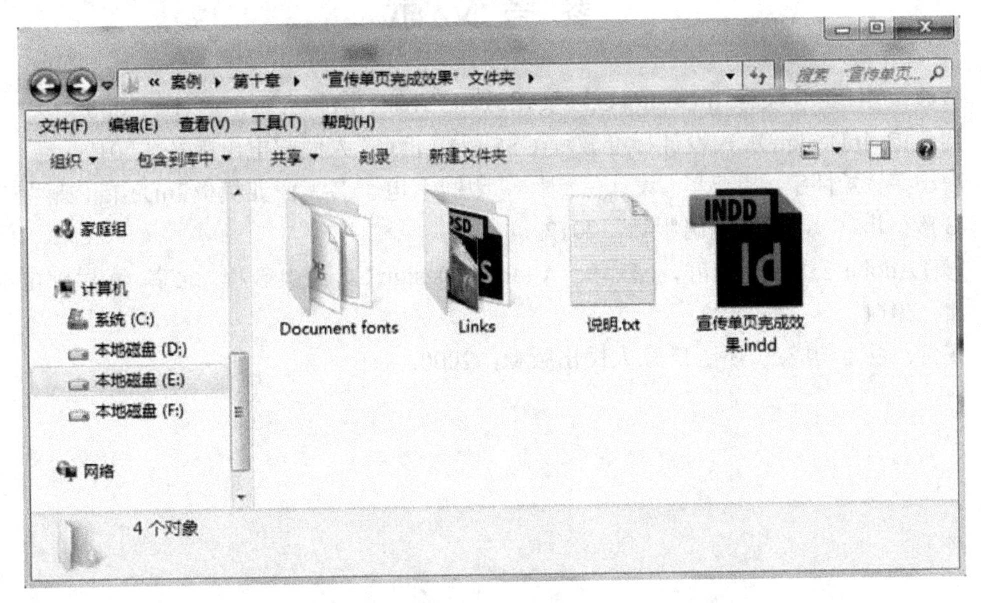

图 10-16　打包文件

参 考 文 献

[1] 曹波，王蓓. 中文版 InDesign CS3 实用教程. 北京. 清华大学出版社，2008.

[2] 周建国. InDesign 版式设计标准教程(CS5 版). 北京. 人民邮电出版社，2012.

[3] 曹国荣，景怀宇，周燕华. 设计 + 制作 + 印刷 + 电子书 + 商业模板 InDesign 典型实例. 3 版. 北京. 人民邮电出版社，2012.

[4] [美] Adobe 公司著. 李静，王颖译. Adobe InDesign CC 经典教程. 北京. 人民邮电出版社，2014.

[5] 王汀. 版面构成. 广州. 广东人民出版社，2000.